福建省中等职业学校学业水平考试用书

电工基础练习册

主　编　　齐　峰　　王雪萍

副主编　　王爱爱　　熊艳艳

　　　　　齐　勇

华中科技大学出版社
http://press.hust.edu.cn
中国·武汉

内 容 简 介

本书依据《福建省中等职业学校学业水平考试"电工基础"科目考试说明》和《电工基础》详细编写了1200多题,包括单项选择题、判断题、填空题、问答题与计算题。本书内容涵盖直流电路,电容、电感及变压器,单相正弦交流电路,三相正弦交流电路,以及安全用电等内容,为教师的教学以及学生的学习或复习提供了方便。

图书在版编目(CIP)数据

电工基础练习册 / 齐峰,王雪萍主编;王爱爱,熊艳艳,齐勇副主编. -- 武汉 :华中科技大学出版社,2025. 8. -- ISBN 978-7-5772-2049-9

Ⅰ. TM1-44

中国国家版本馆 CIP 数据核字第 2025TH9283 号

电工基础练习册   齐 峰 王雪萍 主 编
Diangong Jichu Lianxice   王爱爱 熊艳艳 齐 勇 副主编

策划编辑:徐晓琦
责任编辑:朱建丽
封面设计:原色设计
责任监印:曾 婷
出版发行:华中科技大学出版社(中国·武汉)   电话:(027)81321913
          武汉市东湖新技术开发区华工科技园   邮编:430223
录   排:武汉市洪山区佳年华文印部
印   刷:武汉市籍缘印刷厂
开   本:787mm×1092mm   1/16
印   张:10.5
字   数:242 千字
版   次:2025 年 8 月第 1 版第 1 次印刷
定   价:38.80 元

福建省中等职业学校学业水平考试是根据国家中等职业教育专业教学标准,由福建省教育行政部门组织实施的考试,主要衡量学生达到国家规定学习要求的程度,是保障职业教育教学质量的一项重要制度。考试成绩是中等职业学校学生毕业和升学的重要依据,是评价中等职业学校教育教学质量的重要参考,是持续推进福建省现代职业教育体系建设的重要途径。

本书编写了1200多题,包括单项选择题、判断题、填空题、问答题与计算题。本书内容涵盖直流电路,电容、电感及变压器,单相正弦交流电路,三相正弦交流电路,以及安全用电等内容,为教师的教学以及学生的学习或复习提供了方便。

一、考核目标与要求

(1)考试形式采用闭卷、笔试形式。考试时间为150分钟,全卷满分150分。考试时不得使用计算器。

(2)考试题型为单项选择题、判断题、填空题、问答题与计算题等,也可以采用其他符合学科性质和考试要求的题型。

(3)五个部分的分值占比分别为:直流电路,60分;电容、电感及变压器,22分;单相正弦交流电路,45分;三相正弦交流电路,15分;安全用电,8分。各部分的分值占比可以根据实际情况进行调整。

二、参考题型答题技巧

(一)单项选择题

1.审题是关键(避免粗心失分)

1)圈出关键词

圈出题目中的核心概念、物理量(电压、电流、电阻、功率等)、限定条件("最大值""有效值""相位差""串联""并联"等)、单位(V、A、Ω、kW、kW·h等)等关键词。

2)识别陷阱

(1)单位陷阱:注意题目选项的单位是否与题目一致。

(2)方向/极性陷阱:涉及电动势、电压、电流、感应电动势方向的题目要特别注意方向描述。

(3)相似概念混淆:如电动势与电压、有功功率与视在功率、相电压与线电压(三相电)。

(4)隐含条件:如"理想电源"(内阻为零)、"纯电阻负载"(功率因数=1)。

3）明确问题要求

注意题目要求："正确的是""错误的是""最大值/最小值""原因""结果""应用"。

2．巧用解题方法

1）直接应用公式/定律

对于简单的计算题，直接套用相关公式进行计算，然后与选项进行比对。

2）排除法

（1）排除有明显错误的选项（如单位错误、数值明显不合理、违背基本定律）。

（2）排除与题目条件矛盾的选项。

（3）排除概念混淆的选项。

（4）即使不能直接选出正确答案，也可以排除错误选项。

3）量纲/单位分析法

检查选项的单位是否与根据题目条件和所求物理量推导出的单位一致。不一致的选项往往是错误的。例如，所求选项的功率单位应该是 W 或 kW，如果是 V 或 A，则说明该选项错误。

4）特殊值代入法/极限法

对于含参数的题目，可以尝试代入特殊值（如 0、1）或考虑极限情况，以快速判断选项正误。

5）定性分析法

对于涉及变化趋势、原因分析的题目，不一定需要精确计算，可利用物理概念进行定性分析（如电阻增大，电流减小；电容增大，容抗减小；电感增大，感抗增大）。

6）电路简化法

对于稍复杂的电路题目，先利用串联/并联规则简化电路，通过合并电阻、电容、电感等，再进行分析计算。

7）相量图辅助（交流电）

对于涉及相位关系的交流电路题目，可根据草图分析电压和电流的相位差。

8）检查计算结果

计算完成后，快速心算或用简单逻辑检查结果的合理性（如计算的电流非常大，或者电阻非常小，这通常意味着计算错误或单位错误）。

3．关注重点和易错点

（1）安全用电知识：安全电压、接地保护、熔断器/断路器的作用、触电急救等是必考点，且答案通常比较固定，务必准确记忆。

（2）仪表使用：电压表（并联）、电流表（串联）、万用表档位选择、兆欧表使用等。

（3）电容和电感特性：电容，通交流阻直流，电压不能突变；电感，通直流阻交流，电流不能突变。

（4）功率因数：意义、影响、提高方法。

（5）变压器原理：$V_1/V_2 = N_1/N_2 = I_1/I_2$（理想变压器）。

（6）半导体基础：二极管单向导电性、三极管放大作用。

（二）判断题

1．审题：警惕"绝对化"与"细节陷阱"

1）圈出关键词

（1）绝对化词汇："一定""必然""总是""所有""完全"（此类表述多为错误）。

例如，在纯电感电路中，电流总是滞后电压90°（此题目正确）。

反例，在所有电路中，功率因数都等于1（此题目错误，在非纯电阻电路中，这种说法不成立）。

（2）否定词："不能""不会""无关""不需要"（易被忽略而导致误判）。

（3）限定条件："在直流电路中""当频率为0时""在理想状态下"。

（4）易混淆概念："电压与电动势""有功功率与视在功率""自感与互感""相电压与线电压"。

2）识别典型陷阱

（1）概念偷换：将相似但不同的概念等同。

（2）条件缺失：忽略结论成立的必要前提。

（3）以偏概全：将特定条件下的结论进行推广。

（4）物理定律误用：违反基本定律的表述必错。

2．逻辑推理与判断策略

1）寻找"反例"法

若题目表述过于绝对（含"所有""一定"等），尝试在脑海中快速搜索一个反例即可判断该题目错误。

2）拆解复合语句

若题目是包含多个条件的复合句，将其拆分为若干简单命题，对其进行逐一判断。

例如，提高功率因数可增加电源利用率并减小线路电流。

拆解如下：

（1）提高功率因数可增加电源利用率？正确。

（2）提高功率因数可减小线路电流？正确。

结论："提高功率因数可增加电源利用率并减小线路电流"的说法正确。

3）联想基本原理

将题目描述与最相关的物理定律或原理挂钩，验证是否相符。

4）注意"理想状态"与"实际情况"。

若题目声明"理想变压器""无损耗导线"，则应忽略内阻、损耗等因素。

若题目未声明，则需考虑实际因素（如电源内阻、导线电阻等）。

（三）填空题

1．审题：定位考点，识别隐含要求

1）圈画关键线索

空缺位置：判断缺失的是物理量、单位、数值、公式、术语还是定律名称。

2）警惕易忽略的要求

（1）单位填写：明确是否需要带单位。

（2）英文缩写：术语可能要求写全称或缩写。

（3）公式完整性：公式空缺部分需严格匹配标准形式。

2．高频陷阱与规避技巧

1）单位换算错误

将题目单位统一为国际单位制后再进行计算。

2）概念混淆填错

对比相似概念差异（如填写"有功功率"，而非填写"视在功率"）。

3）公式变形遗漏

熟记公式的多种表达形式。

4）术语表述不严谨

采用标准术语。

3．规范书写：避免非知识性失分

（1）符号正斜体与大小写要规范。

（2）保证术语的准确性，填写全称或缩写。

（四）问答题与计算题

1．问答题：结构化表达，精准踩点

问答题侧重概念阐述、原理分析、实际应用，需避免"答非所问"或"逻辑混乱"。

1）审题拆解，明确考点

圈出关键词："简述/解释"（要求概括核心）、"分析/说明"（需展开逻辑推导）、"比较/区别"（需列表或分点对比）、"原因/措施"（需有因果链或解决方案）。

2）避坑指南

（1）忌口语化：使用专业术语。

（2）忌堆砌公式：公式仅为辅助说明，需配合文字解释。

（3）紧扣问题：避免扩展无关内容（如题目问"作用"，无需详述结构）。

2．计算题：分步拆解，规范书写

计算题考察公式应用、电路分析、数值计算能力，需兼顾正确性与过程完整性。

标准解题流程（六步法）如下。

（1）画图：将文字描述转化为电路图（标出已知量、待求量）。

（2）列出已知：明确已知条件与隐含条件（如看到"理想电源"，即可知电源内阻＝0）。

（3）选择公式：根据电路类型（直流、交流、三相）和问题需求匹配公式。

（4）分步计算：写出公式原型→代入数据→分步运算→得出结果。

（5）验证结果。

（6）规范作答。

本书在习题详细编写过程中，若有不足之处，敬请广大师生指正。

编者

2025 年 6 月 25 日

目　　录

练习一

直流电路

一、单项选择题

1. 有一段导线的电阻为 8 Ω，将它均匀拉长为原来的 2 倍，则导线的电阻变为（　　）。
A. 8 Ω　　　　　　B. 16 Ω　　　　　　C. 4 Ω　　　　　　D. 32 Ω

2. 有两根同种材料的电阻丝，长度之比为 1∶2，截面积之比为 2∶3，则它们的电阻之比为（　　）。
A. 3∶4　　　　　　B. 1∶2　　　　　　C. 2∶3　　　　　　D. 4∶5

3. 如果在 1 min 内导体中通过 120 C 的电荷，那么导体中的电流大小为（　　）。
A. 2 A　　　　　　B. 1 A　　　　　　C. 20 A　　　　　　D. 120 A

4. 一个额定功率为 1 W，电阻值为 100 Ω 的电阻，允许通过的最大电流为（　　）。
A. 0.01 A　　　　　B. 0.1 A　　　　　C. 1 A　　　　　D. 100 A

5. 千瓦时（kW·h）是（　　）的单位。
A. 电压　　　　　　B. 电流　　　　　　C. 电能　　　　　　D. 电功率

6. 当流过某一电阻的电流减为原来的一半时，其功率为原来的（　　）。
A. 1/2　　　　　　B. 2 倍　　　　　　C. 1/4　　　　　　D. 4 倍

7. 在下列各种规格的电灯中，电阻最大的为（　　）。
A. 220 V，100 W　B. 110 V，100 W　C. 220 V，40 W　D. 110 V，40 W

8. 在电源电压不变的系统中，加大负载是指（　　）。
A. 负载电阻加大　　B. 负载电压增大　　C. 负载功率增大　　D. 负载电流减小

9. R_1 和 R_2 为两个串联电阻，已知 $R_1=4R_2$，若 R_1 上消耗的功率为 1 W，则 R_2 上消耗的功率为（　　）。
A. 5 W　　　　　　B. 20 W　　　　　　C. 0.25 W　　　　　D. 400 W

10. R_1 和 R_2 为两个并联电阻，已知 $R_1=2R_2$，且 R_2 上消耗的功率为 1 W，则 R_1 上消耗的功率为（　　）。
A. 2 W　　　　　　B. 1 W　　　　　　C. 4 W　　　　　　D. 0.5 W

11. 如图 1-1 所示，已知 $R_1=R_2=R_3=12$ Ω，则 A、B 间的总电阻应为（　　）。
A. 18 Ω　　　　　B. 4 Ω　　　　　　C. 0　　　　　　　D. 36 Ω

12. 有一个电压表,其内阻 $R_0 = 1.8$ kΩ,现在要将它的量程扩大为原来的 10 倍,则应( )。

    A. 用 18 kΩ 的电阻与电压表串联   B. 用 180 Ω 的电阻与电压表并联

    C. 用 16.2 kΩ 的电阻与电压表串联   D. 用 180 Ω 的电阻与电压表串联

13. 如图 1-2 所示,电源电动势 $E_1 = E_2 = 6$ V,不计内阻,$R_1 = R_2 = R_3 = 3$ Ω,则 A、B 两点间的电压为( )。

    A. 0   B. -3 V   C. 6 V   D. 3 V

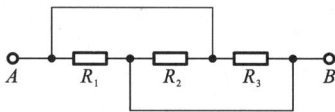

图 1-1　选择题 11 图　　　　　　图 1-2　选择题 13 图

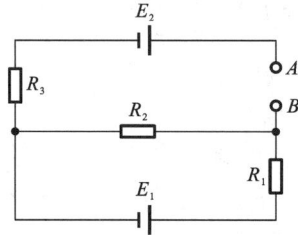

14. 一个电动势为 E,内阻为 r 的电池连接到外电路。外电路由两个电阻 R_1 和 R_2 组成。在下列连接方式中,流经电池的哪种电流最大?( )

    A. R_1 和 R_2 串联   B. R_1 和 R_2 并联   C. 仅连接 R_1 D. 仅连接 R_2

15. 在下列设备中,一定是电源的为( )。

    A. 发电机   B. 冰箱   C. 蓄电池   D. 电灯

16. 通过一个电阻的电流是 5 A,经过 4 min,通过该电阻截面的电荷为( )。

    A. 20 C   B. 50 C   C. 1200 C   D. 2000 C

17. 一般金属导体具有正温度系数,当环境温度升高时,电阻将( )。

    A. 增大   B. 减小   C. 不变   D. 不能确定

18. 相同材料制成的两个均匀导体,长度之比为 3：5,截面积之比为 4：1.则其电阻之比为( )。

    A. 12：5   B. 3：20   C. 7：6   D. 20：3

19. 某导体的端电压为 100 V,通过的电流为 2 A;当两端电压为 50 V 时,导体的电阻应为( )。

    A. 100 Ω   B. 25 Ω   C. 50 Ω   D. 0

20. 通常电工术语"负载大小"是指( )的大小。

    A. 等效电阻   B. 实际电功率   C. 实际电压   D. 负载电流

21. 220 V、40 W 的电灯正常发光( ),消耗的电能为 1 kW·h。

    A. 20 h   B. 40 h   C. 45 h   D. 25 h

22. 在闭合电路中,负载电阻增大,则端电压将( )。

    A. 减小   B. 增大   C. 不变   D. 不能确定

23. 将 $R_1 > R_2 > R_3$ 的三个电阻进行串联,然后连接在电压为 U 的电源上,获得功率最大的电阻为(   )。

A. R_1 B. R_2 C. R_3 D. 不能确定

24. 若将单项选择题 23 的三个电阻并联后接在电压为 U 的电源上,获得功率最大的电阻为(   )。

A. R_1 B. R_2 C. R_3 D. 不能确定

25. 一个额定值为 220 V、40 W 的电灯与一个额定值为 220 V、60 W 的电灯串联在 220 V 电源上,则(   )。

A. 40 W 的电灯较亮   B. 60 W 的电灯较亮

C. 两个电灯的亮度相同   D. 不能确定

26. 两个电阻 R_1、R_2 并联,等效电阻为(   )。

A. $\dfrac{1}{R_1} + \dfrac{1}{R_2}$ B. $R_1 - R_2$ C. $\dfrac{R_1 R_2}{R_1 + R_2}$ D. $\dfrac{R_1 + R_2}{R_1 R_2}$

27. 两个电阻均为 555 Ω,串联时的等效电阻与并联时的等效电阻之比为(   )。

A. 2:1   B. 1:2

C. 4:1   D. 1:4

28. 电路如图 1-3 所示,A 点的电位为(   )。

A. 6 V   B. 8 V

C. -2 V   D. 10 V

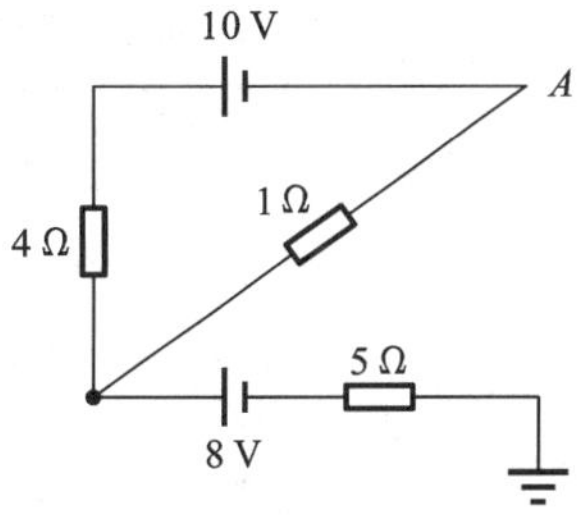

图 1-3 选择题 28 图

29. 在闭合电路中,负载的电阻越大,则消耗功率将(   )。

A. 变小   B. 不变   C. 变大   D. 不能确定

30. 在闭合电路中,负载的电阻变小,则总电流将(   )。

A. 变小   B. 变大   C. 不变   D. 不能确定

31. 在下列材料中,(   )的导电性能最好。

A. 铁   B. 铝   C. 钢   D. 镁

32. 根据 KCL 列方程,是以电路的(   )所列。

A. 电阻   B. 电压   C. 电流   D. 电位

33. 根据 KVL 列方程,是以电路的(   )所列。

A. 网孔电流   B. 支路电流   C. 回路电压   D. 干路电压

34. 两个电阻串联,电阻分别为 2 Ω、3 Ω,则这两个电阻消耗的功率之比为(   )。

A. 2:3   B. 4:9   C. 3:2   D. 9:4

35. 如图 1-4 所示,电压 U_2 的变化范围为(   )。

A. 20~50 V   B. 40~100 V   C. 50~220 V   D. 20~100 V

36. 利用两种电源模型等效变换化简图 1-5 所示的电路,最简电路为(   )。

A. 1 A 电流源与 5 Ω 电阻并联   B. 3 A 电流源与 5 Ω 电阻并联

C. 7 A 电流源与 5 Ω 电阻串联   D. 3 A 电流源与 5 Ω 电阻串联

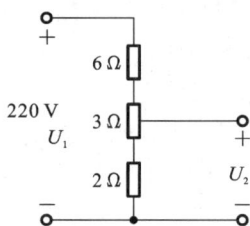

图 1-4　选择题 35 图

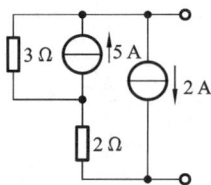

图 1-5　选择题 36 图

37. 如图 1-6 所示,利用支路电流法列方程,下列方程(　　)不正确。

A. $I_1 - I_2 - I_3 = 0$　　　　　　　　B. $2I_1 - U_{S_1} - U_{S_2} + 4I_2 = 0$

C. $3I_3 - U_{S_2} - 4I_2 = 0$　　　　　　D. $I_1 + I_2 - I_3 = 0$

38. 1 kW·h 电可供一个 20 W 的电灯正常工作(　　)。

A. 26 h　　　　　B. 30 h　　　　　C. 50 h　　　　　D. 40 h

39. 如图 1-7 所示,三个电灯完全相同,当闭合开关时,电灯 B 的亮度变化为(　　)。

A. 比原来更亮　　　B. 比原来更暗　　　C. 一样亮　　　D. 无法判断

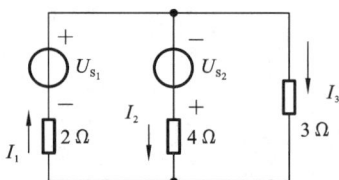

图 1-6　选择题 37 图

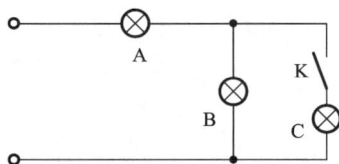

图 1-7　选择题 39 图

40. 一个额定功率为 1 W、电阻为 100 Ω 的电阻器,其额定电流为(　　)。

A. 10 A　　　　　B. 1 A　　　　　C. 0.1 A　　　　　D. 0.01 A

41. 将电灯连接在电源上,发现灯丝烧红,但不正常发亮,产生这种现象的原因是(　　)。

A. 电路未接通　　　　　　　　B. 电灯损坏

C. 电源电压小于电灯的额定电压　　D. 电灯的额定功率太小

42. 某电阻色环上标有棕色、黑色、红色、金色四条色环,则该电阻的标称电阻和偏差分别为(　　)。

A. 10 kΩ、±5%　　B. 1 kΩ、±5%　　C. 100 Ω、±5%　　D. 1 kΩ、±10%

43. 下列设备中一定是电源的是(　　)。

A. 发电机　　　　　B. 冰箱　　　　　C. 蓄电池　　　　　D. 电炉

44. 在电路中,开关的作用是(　　)。

A. 提供能量　　B. 连接负载和电源　　C. 接通和断开电路　　D. 转换能量

45. 电路能正常工作时的状态是(　　)。

A. 通路　　　　　B. 短路　　　　　C. 断路　　　　　D. 以上都对

46. 负载将电能转换为（　　）。

A. 机械能 　　　 B. 光能 　　　 C. 热能 　　　 D. 以上都有可能

47. 在电路中,电流的方向是（　　）。

A. 正电荷移动的方向 　　　 B. 负电荷移动的方向

C. 无原则的假定 　　　 D. 不能确定

48. 电压和电动势的区别是（　　）。

A. 单位不同 　　　 B. 都是电场力做功

C. 电动势只存在于电源内部 　　　 D. 方向不同

49. 1度电可以供"220 V,100 W"的电灯使用（　　）。

A. 0.5 h 　　　 B. 1 h 　　　 C. 2 h 　　　 D. 10 h

50. 关于电压与电位的说法错误的是（　　）。

A. 电压是电位差 　　　 B. 电压的大小与零电位参考点有关

C. 两者单位相同 　　　 D. 电压的方向由高电位指向低电位

51. 下列关于电流的说法正确的是（　　）。

A. 通过的电量越多,电流就越大

B. 通电时间越长,电流就越大

C. 通电时间越短,电流就越大

D. 通过一定的电量时,所需时间越短,电流就越大

52. 电源的电动势为 2 V,内阻为 0.1 Ω,当外电路断路时,电路中的电流和端电压分别为（　　）。

A. 0 A 和 2 V 　　　 B. 20 A 和 2 V 　　　 C. 20 A 和 0 V 　　　 D. 0 A 和 0 V

53. 在全电路中,负载的电阻增大,端电压将会（　　）。

A. 降低 　　　 B. 升高 　　　 C. 不变 　　　 D. 不能确定

54. 一个"220 V,40 W"的电灯连接到 110 V 的电路中,消耗的功率为（　　）。

A. 40 W 　　　 B. 20 W 　　　 C. 10 W 　　　 D. 100 W

55. 某电路的计算结果为 $I_1 = 2$ A,$I_2 = -3$ A,说明（　　）。

A. 电流 I_1 与电流 I_2 方向相反 　　　 B. 电流 I_1 大于电流 I_2

C. 电流 I_1 小于电流 I_2 　　　 D. I_2 的参考方向与实际相反

56. 如图 1-8 所示,电路中两个电源的功率分别为（　　）。

A. $P_{US} = 4$ W(消耗),$P_{IS} = 4$ W(产生)

B. $P_{US} = 4$ W(产生),$P_{IS} = 4$ W(消耗)

C. $P_{US} = 4$ W(消耗),$P_{IS} = 8$ W(产生)

D. $P_{US} = 4$ W(产生),$P_{IS} = 8$ W(消耗)

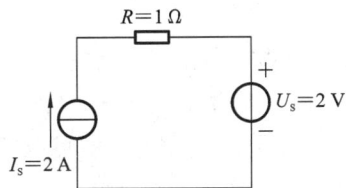

图 1-8　选择题 56 图

57. 一般金属导体具有正的温度系数,当环境温度升高时,电阻将（　　）。

A. 减小 　　　 B. 不变 　　　 C. 增大 　　　 D. 不能确定

58. 在下列规格的电灯中,电阻最大的是( )。

A. 220 V,100 W
B. 110 V,220 W
C. 220 V,40 W
D. 110 V,40 W

59. "12 V,6 W"的电灯接入 6 V 的电路中,通过电灯的实际电流是( )。

A. 2 A
B. 1 A
C. 0.5 A
D. 0.25 A

60. 下列说法正确的是( )。

A. 在串联电路中,等效电阻等于各电阻之和

B. 串联的电阻越多,等效电阻越小

C. 在串联电路中,总电流等于流过各电阻的电流之和

D. 在串联电路中,电阻越大,它的电压就越低

61. 两个电阻 R_1 和 R_2 并联,$R_1 = 2R_2$,若 R_2 消耗的功率为 1 W,则 R_1 消耗的功为( )。

A. 1 W
B. 2 W
C. 0.5 W
D. 1.5 W

62. 两个电阻 R_1 和 R_2 并联,$R_1 = 2R_2$,若 R_2 消耗的功率为 1 W,R_1 和 R_2 两个电阻的电流之比为( )。

A. 2 : 1
B. 1 : 2
C. 1 : 1
D. 4 : 1

63. 一个电池的电动势为 6 V,内阻为 1 Ω。当外电路由三个相同的电阻 $R = 3$ Ω 组成时,下列哪种连接方式会使电池输出的总电流最大( )?

A. 三个电阻串联
B. 三个电阻并联
C. 两个电阻并联后再与第三个电阻串联
D. 两个电阻串联后再与第三个电阻并联

64. 电源电压为 12 V,内阻为 4 Ω,当负载电阻为( )时,可获得最大功率。

A. 2 Ω
B. 4 Ω
C. 8 Ω
D. 12 Ω

65. 如图 1-9 所示,电路中的电压 U 等于( )。

A. 20 V
B. 10 V
C. 5 V
D. −5 V

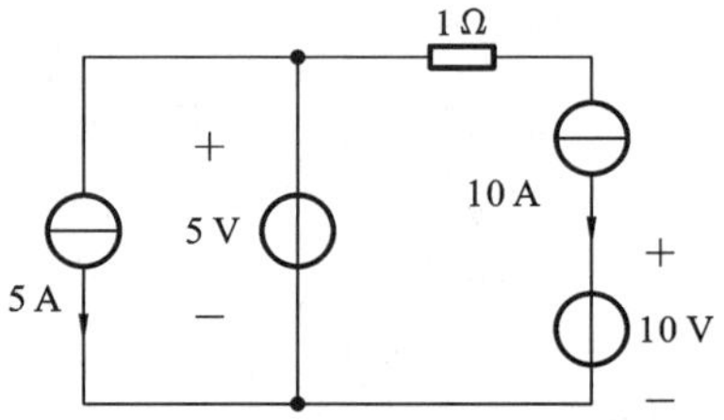

图 1-9 选择题 65 图

66. 要扩大电压表量程和电流表量程,应增加( )。

A. 串联电阻,并联电阻
B. 并联电阻,串联电阻
C. 串联电阻,串联电阻
D. 并联电阻,并联电阻

67. 下列说法正确的是( )。

A. 电压源和电流源可以等效变换

B. 理想电压源和理想电流源可以等效变换

C. 电压源和电流源等效变换时,对内电路也等效

D. 电压源和电流源等效变换时,对外电路也等效

68. 有关电流的下列说法中,正确的是( )。

A. 金属导体的电流是自由电子在电场力的作用下进行定向运动而产生的

B. 金属导体的电流是正电荷在电场力的作用下进行定向运动而形成的

C. 金属导体中的电流的实际方向是自由电子运动的方向

D. 以上都不对

69. 下列有关电位、电压的说法中,正确的是(　　　)。

A. 电路中参考点改变,各点电位大小保持不变

B. 电路中参考点改变,各点电位大小也改变

C. 电路中参考点改变,任意两点的电压大小也随之改变

D. 电压和电位与参考点的选择无关

70. 关于电流、电压的参考方向的下列说法,正确的是(　　　)。

A. 电流的参考方向是正电荷定向移动的方向

B. 电压的参考方向是高电位指向低电位的方向

C. 电流、电压的参考方向是可以任意选择的

D. 电流、电压的参考方向要按规定选择

71. 如图 1-10 所示,下列各种说法中正确的是(　　　)。

A. 该负载发出的功率为 10 W　　　　B. 该负载吸收的功率为 10 W

C. 该负载发出的功率为 20 W　　　　D. 该负载吸收的功率为 20 W

72. 关于基尔霍夫定律的下列说法中,正确的是(　　　)。

A. 基尔霍夫定律只适用于线性电路

B. 基尔霍夫定律只适用于非线性电路

C. 基尔霍夫定律只适用于直流电路和正弦交流电路

D. 基尔霍夫定律适用于参数集总的任何电路

73. 在图 1-11 所示的电路中,正确的结论是(　　　)。

A. 有 5 个节点　　　　　　　　　　B. 有 5 条支路

C. 无分支电路　　　　　　　　　　D. 只有 1 条支路

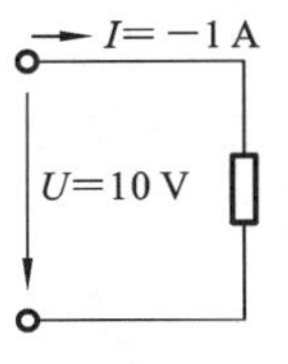

图 1-10　选择题 71 图 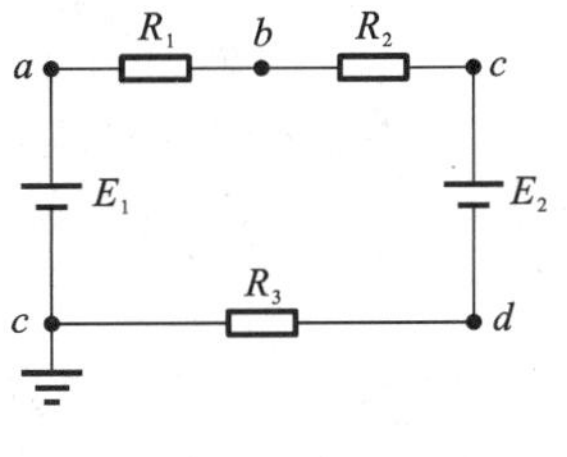　　　　　　图 1-11　选择题 73 图

74. 在图 1-12 所示的电路中,b 点的电位为(　　　)。

A. 60 V　　　　　B. −60 V　　　　　C. 56 V　　　　　D. 64 V

75. 在图 1-13 所示的电路中,b 点的电位为(　　　)。

A. 10 V　　　　　B. 18 V　　　　　C. 22 V　　　　　D. 2 V

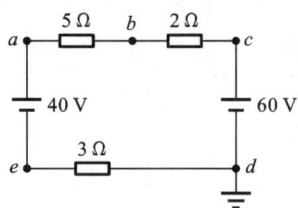

图 1-12　选择题 74 图

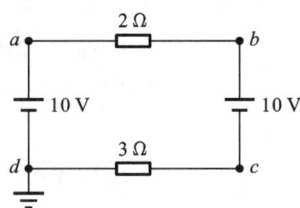

图 1-13　选择题 75 图

76. 在图 1-14 所示的电路中，a、b 两点间的电压 U_{ab} 等于（　　）。

A. 16 V　　　　　B. 24 V　　　　　C. 20 V　　　　　D. -20 V

77. 在图 1-15 所示的电路中，U_{ab} 等于（　　）。

A. 20 V　　　　　B. 22 V　　　　　C. 19 V　　　　　D. 21 V

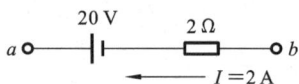

图 1-14　选择题 76 图

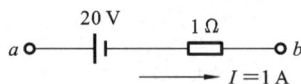

图 1-15　选择题 77 图

78. 图 1-16 所示的伏安特性曲线代表的元件分别为（　　）。

A. 电阻、电压源、电流源　　　　　　　B. 电压源、电流源、电阻

C. 电流源、电压源、电阻　　　　　　　D. 电感、电容、电阻

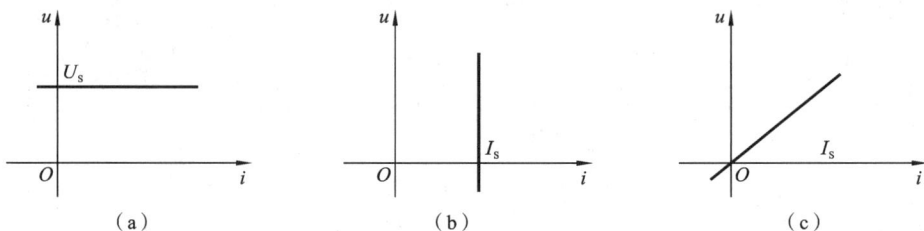

(a)　　　　　　　　　(b)　　　　　　　　　(c)

图 1-16　选择题 78 图

79. 在图 1-17 所示的电路中，电流 I 等于（　　）。

A. 10 A　　　　　B. 8 A

C. 4 A　　　　　D. -4 A

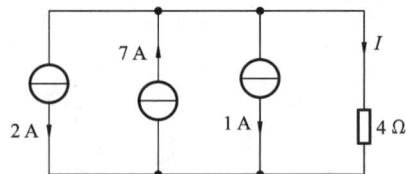

图 1-17　选择题 79 图

二、判断题

1. 导体的长度和截面积都增大一倍，其电阻也增大一倍。　　　　　　　　　　　　　　　　　　（　　）

2. 当电阻的电压为 10 V 时，电阻为 10 Ω；当电压升至 20 V 时，电阻将变为 20 Ω。　　　　　　　　　　　　　　　　　　　　　　　　　　（　　）

3. 规格为"110 V，60 W"的电灯在 220 V 的电源上能正常工作。　　　　（　　）

4. 规格为"220 V，60 W"的电灯在 110 V 的电源上能正常工作。　　　　（　　）

5. 加在负载上的电压改变了,但它消耗的功率是不会改变的。　　　　　　　（　　）

6. 电灯 A 比电灯 B 亮,说明电灯 A 中的电流大于电灯 B 中的电流。　　　（　　）

7. 额定功率为 50 W 的 8 Ω 电阻,使用时的端电压不能超过 20 V。　　　（　　）

8. 当电路处于通路状态时,外电路负载上的电压等于电源的电动势。　　　（　　）

9. 短路元件的电压为零,其电流不一定为零;开路元件的电流为零,其电压不一定为零。

　　　　　　　　　　　　　　　　　　　　　　　　　　　　　　　　（　　）

10. 当实际电源外接负载的电阻与其内阻相等时,输出功率最大,此时电路的电能利用率也最大。　　　　　　　　　　　　　　　　　　　　　　　　　　（　　）

11. 规格为"220 V,60 W"的电灯与规格为"220 V,15 W"的电灯串联后连接到 220 V 电源上,则 15 W 的电灯要比 60 W 的电灯亮。　　　　　　　　　　　　（　　）

12. 几个电阻并联后的总电阻一定小于其中任意一个电阻。　　　　　　　　（　　）

13. 在电阻分压电路中,电阻越大,其两端的电压就越高。　　　　　　　　（　　）

14. 在电阻分流电路中,电阻越大,流过它的电流也就越大。　　　　　　　（　　）

15. 若电路中 a、b 两点的电位相等,则用导线将这两点连接起来并不影响电路的工作。

　　　　　　　　　　　　　　　　　　　　　　　　　　　　　　　　（　　）

16. 规定自负极通过电源内部指向正极的方向为电动势的方向。　　　　　　（　　）

17. 若选择不同的零电位点,电路中各点的电位将发生变化,但电路中任意两点间的电压却不会改变。　　　　　　　　　　　　　　　　　　　　　　　　　（　　）

18. 电路图是根据元件的实际位置和实际连线连接起来的。　　　　　　　　（　　）

19. 蓄电池在电路中必是电源,总是把化学能转换为电能。　　　　　　　　（　　）

20. 电阻大的导体,电阻率一定也大。　　　　　　　　　　　　　　　　　（　　）

21. 电阻的伏安特性曲线是过原点的直线时,称该电阻为线性电阻。　　　　（　　）

22. 欧姆定律适用于任何电路和任何元件。　　　　　　　　　　　　　　　（　　）

23. $R=U/I$ 中的 R 是元件参数,它的值是由电压和电流的大小决定的。（　　）

24. 额定电压为 220 V 的电灯连接在 110 V 的电源上,电灯消耗的功率为原来的 1/4。

　　　　　　　　　　　　　　　　　　　　　　　　　　　　　　　　（　　）

25. 在纯电阻电路中,电流通过电阻所做的功与它产生的热量是相等的。　（　　）

26. 当外电路开路时,电源端电压等于零。　　　　　　　　　　　　　　　（　　）

27. 电源电动势的大小由电源本身的性质决定,与外电路无关。　　　　　　（　　）

28. 当电阻为 $R_1=20$ Ω、$R_2=10$ Ω 的两个电阻串联时,因其电阻小,所以对电流的阻力小,故 R_2 中通过的电流比 R_1 中通过的电流大一些。　　　　　　　（　　）

29. 一条马路上路灯总是同时亮,同时灭,因此这些路灯都是串联接入电网的。（　　）

30. 通常照明电路中电灯开得越多,总的负载电阻就越大。　　　　　　　　（　　）

31. 如果电路中某两点的电位都很高,则这两点间的电压也一定很高。　　（　　）

32. 电路中选择的参考点改变了,各点的电位也将改变。　　　　　　　　　（　　）

33. 当外电路开路时,电源端电压等于零。　　　　　　　　　　　　　　　（　　）

34. 在短路状态下,电源内阻的电压不为零。　　　　　　　　　　　　　（　　）

35. 在电路图中,电压、电流假设的方向也就是实际方向。　　　　　　　（　　）

36. 电路中某两点的电位都很高,则这两点间的电压也一定很高。　　　　（　　）

37. 外电路正电荷是从高电位流向低电位的。　　　　　　　　　　　　　（　　）

38. 电荷的移动形成了电流。　　　　　　　　　　　　　　　　　　　　（　　）

39. "度"是电功率的单位。　　　　　　　　　　　　　　　　　　　　（　　）

40. 电源电动势随电路外电阻的变化而变化。　　　　　　　　　　　　　（　　）

41. 电源电动势的大小由电源本身的性质决定,与外电路无关。　　　　　（　　）

42. 电路中某点电位与参考点有关,而任意两点间的电压与参考点无关。　（　　）

43. 电位实际上就是电压。　　　　　　　　　　　　　　　　　　　　　（　　）

44. 电流、电压的参考方向可任意选取,但两者的参考方向是一致的。　　（　　）

45. 电器正常工作时必须满足其额定值,所以额定电压为 220 V 的电阻在工作时,其电压必须为 220 V。　　　　　　　　　　　　　　　　　　　　　　　　（　　）

46. "110 V,40 W"的电灯连接在 220 V 的电源上,消耗功率为 80 V。　（　　）

47. 在实际应用中,电源不允许短路。　　　　　　　　　　　　　　　　（　　）

48. 若电路中某点电位为负值,则说明该点电位比参考电位低。　　　　　（　　）

49. 电流源、电压源是两种不同的电压模型。　　　　　　　　　　　　　（　　）

50. 采用关联参考方向时,若 $P<0$,则元件是电源。　　　　　　　　　（　　）

51. 几个电阻并联后总电阻一定大于其中任意一个电阻。　　　　　　　　（　　）

52. 电阻并联的电路具有分流作用,常用来扩大电流表的量程。　　　　　（　　）

53. 金属导体中电流的方向是自由电子定向移动的方向。　　　　　　　　（　　）

54. 电路中电压的方向是高电位指向低电位的方向,即电位下降的方向。　（　　）

55. 电路中某点电位的大小与参考点的选择有关。　　　　　　　　　　　（　　）

56. 电路中某点电位的大小与参考点的选择无关。　　　　　　　　　　　（　　）

57. 电路中任意两点间的电压大小与参考点的选择无关,只与这两点的位置有关。

　　　　　　　　　　　　　　　　　　　　　　　　　　　　　　　（　　）

58. 电路中任意两点间的电压大小与参考点的选择有关,当参考点发生改变时,这两点的电压大小也发生改变。　　　　　　　　　　　　　　　　　　　　（　　）

59. 电路中任意两点间的电压的大小不仅与这两点的位置有关,还与正电荷位移的路径有关。　　　　　　　　　　　　　　　　　　　　　　　　　　　　（　　）

60. 通常所说的负载增加,是指负载的功率增加。　　　　　　　　　　　（　　）

61. 电路中电位的大小随参考点的改变而变化,只有选定了参考点,各点电位的值才能唯一确定下来。　　　　　　　　　　　　　　　　　　　　　　　　（　　）

62. 电流或电压的参考方向是可以任意选择的,而且可作为决定电流或电压正、负的标准。　　　　　　　　　　　　　　　　　　　　　　　　　　　　　（　　）

63. 一段导线,其电阻为 R,若将其从中对折合成一段新的导线,则其电阻为 $2R$。

　　　　　　　　　　　　　　　　　　　　　　　　　　　　　　　（　　）

64. 家用电器的连接一般都采用串联方式。 （　　）

65. 在并联电路中,电阻越大,通过它的电流也越大。 （　　）

66. 任何无源网络均可等效为一个电阻。 （　　）

67. 两个理想电压源串联,必须满足 $U_{S_1}=U_{S_2}$。 （　　）

68. 对外电路而言,实际电源的两种电路模型可以等效互换。 （　　）

69. 理想电压源与理想电流源可以等效互换。 （　　）

70. 电阻并联电路的功率分配与电阻成正比。 （　　）

71. 电阻并联电路的电阻越小,分配的电流越大。 （　　）

72. 电阻并联电路的电阻越小,分配的电压越大。 （　　）

73. 在同一电路中,若两个电阻的端电压相等,则这两个电阻一定是并联。 （　　）

三、填空题

1. 填写表 1-1。

表 1-1　填空题 1 表

量的名称	量的符号	单位名称	单位符号	量的名称	量的符号	单位名称	单位符号
电流				电位			
电荷				电动势			
电阻				电能			
电压				电功率			

2. 两个电阻的伏安特性曲线如图 1-18 所示,有

$$R_a = \underline{\hspace{2cm}}, \quad R_b = \underline{\hspace{2cm}}$$

则 R_a 比 R_b _____（大、小）。

3. 如图 1-19 所示,Ⓜ是 _____ 表,B 点接Ⓜ的 _____ 接线柱;Ⓝ是 _____ 表, _____ 点接Ⓝ的 _____ 接线柱。

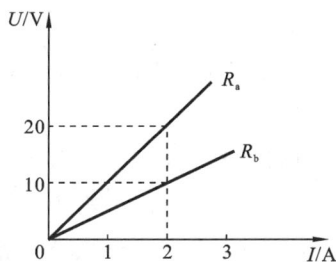

图 1-18　填空题 2 图

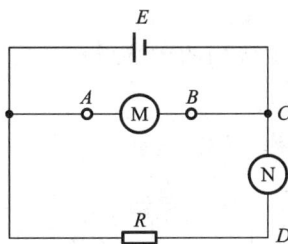

图 1-19　填空题 3 图

4. 如果给负载加上 100 V 电压,则在该负载上产生 2 A 的电流;如果给负载加上 75 V 的电压,则负载上流过的电流为 _____;如果给负载加上 250 V 的电压,则负载上流过的电流为 _____。

5．长度为 50 m、直径为 0.5 mm、圆形截面的铜导线，温度为 20 ℃时的电阻为 _____ Ω；温度为 70 ℃时的电阻为 _____ Ω。

6．一个规格为"220 V，1200 W"的电热器，正常工作时的电流为 _____ A，电阻为 _____ Ω。若该电热器每天使用 2 h，则 8 月份的耗电量为 _____ kW·h。

7．当一个规格为"220 V，2 kΩ"的电阻通过的电流为 50 mA 时，该电阻消耗的电功率为 _____ W。若将该电阻接在 220 V 的电源上，每天通电 5 h，则一个月（30 天计）所消耗的电能为 _____ kW·h。

8．一个规格为"5 W，0.5 A"的负载，其电阻为 _____ Ω，该负载只有在 _____ V 的电压下才能工作于额定状态。

9．当某电源外接 1 Ω 负载时，端电压为 4 V，当换接 2.5 Ω 负载时，输出电流为 2 A，则电源电动势 $E=$ _____，内阻 $R_0=$ _____。该电源接上 _____ Ω 负载时，输出最大电功率，其值为 _____ W。

10．有两个电灯，电灯 A 的规格为"220 V，40 W"，电灯 B 的规格为"220 V，100 W"，则它们均正常工作时的电阻之比 $R_A：R_B：=$ _____，电流之比 $I_A：I_B=$ _____。若将它们串联后接到 220 V 电源上，则电压之比 $U_A：U_B=$ _____，功率之比 $P_A：P_B=$ _____（不考虑温度对灯丝电阻的影响）。

11．两根同种材料的电阻丝，长度之比为 1：5，截面积之比为 2：3，它们的电阻之比为 _____。当将它们串联时，它们的电压之比为 _____，电流之比为 _____；当将它们并联时，它们的电压之比为 _____，电流之比为 _____。

12．电路是由 _____、_____、_____ 和 _____ 等组成的闭合回路。电路的作用是实现电能的 _____ 和 _____。

13．电路通常有 _____、_____ 和 _____ 三种状态。

14．电荷的 _____ 移动形成电流。它的大小是指单位 _____ 内通过导体截面的 _____。

15．在一定 _____ 下，导体的电阻和它的长度成 _____，而和它的截面积成 _____。

16．一根实验用的铜导线，它的截面积为 1.5 mm²，长度为 0.5 m。20 ℃时，它的电阻为 _____ Ω。

17．电阻为 2 kΩ、额定功率为 1/4 W 的电阻器，使用时允许的最大电压为 _____ V，最大电流为 _____ mA。

18．某礼堂有 40 个电灯，每个电灯的功率为 100 W，则点亮全部电灯 2 h，消耗的电能为 _____ kW·h。

19．某导体的电阻为 1 Ω，通过它的电流是 1 A，那么在 1 min 内通过导体截面的电荷为 _____ C，电流做的功为 _____ W，它消耗的功率为 _____ W。

20．电动势为 2 V 的电源，与 9 Ω 的电阻接成闭合电路，电源两极间的电压为 1.8 V，这时电路中的电流为 _____ A，电源内阻为 _____ Ω。

21. 在图 1-20 所示的电路中，$R=20\ \Omega$，当开关 K 扳向 2 时，电压表读数为 6.3 V；当开关 K 扳向 1 时，电流表读数为 3 A，则电源电动势为_____ V，电源内阻为_____。

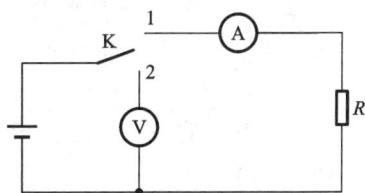

图 1-20 填空题 21 图

22. 有一个电流表，内阻为 100 Ω，满偏电流为 3 mA，要把它改装成量程为 6 V 的电压表，需_____ Ω 的分压电阻；若要把它改装成量程为 3 A 的电流表，则需_____ Ω 的分流电阻。

23. 两个并联电阻，其中 $R_1=200\ \Omega$，通过 R_1 的电流 $I_1=0.2$ A，通过整个并联电路的电流 $I=0.8$ A，则 $R_2=$_____ Ω，R_2 上流过的电流为_____ A。

24. 用伏安特性曲线测量电阻，如果被测电阻比电流表内阻_____时，应采用_____。这样测量出的电阻要比实际值_____。

25. 用伏安特性曲线测量电阻，如果被测电阻比电压表内阻_____时，应采用_____。这样测量出的电阻要比实际值_____。

26. 电位是指某点到_____的电压。

27. 假设电路图上电压与电流为同一方向，该方向称为_____方向。

28. KCL 称为基尔霍夫_____定律，KVL 称为基尔霍夫_____定律。

29. 两个电阻并联，电阻之比为 2∶3，则流过这两个电阻上的电流之比为_____。

30. 一个 10 V 的电压表，内阻为 20 kΩ，若将其量程扩大为 250 V，应串联的电阻为_____。

31. 若电压源与电流源或电阻并联，从对外电路等效的角度来看，可等效为一个_____。

32. 如图 1-21 所示，节点 1 的自电导为_____。

33. 某复杂电路有 b 个未知的支路电流、n 个节点，若用支路电流法求解，应按 KCL 列出_____个独立的节点电流方程，按 KVL 列出_____个独立的回路电压方程。

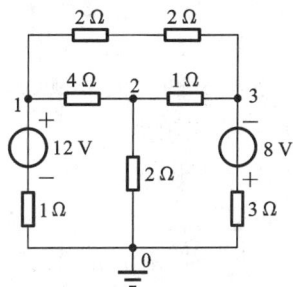

图 1-21 填空题 32 图

34. 有一根导线每小时通过其截面的电荷量为 900 C，通过导线的电流为_____ mA 或_____ μA。

35. 在电路中任选一个参考点，某一点到_____的电压称为该点的电位，单位为_____。电路中任意两点之间的电位差即为该两点间的_____。

36. 电阻器的表示方法有_____和_____。

37. 两个 4 Ω 电阻串联后的总电阻为_____，两个 4 Ω 电阻并联后的总电阻为_____。

38. R_1 和 R_2 两个电阻串联，$R_1=2R_2$，若 R_2 消耗的功率为 2 W，则 R_1 消耗的功率为_____。

39. 有一个电压表，其内阻 $R_G=1000\ \Omega$，现在要将它的量程扩大为原来的 10 倍，则应串联一个_____Ω 的电阻。

40. 当负载的额定电流大于单个电池的最大允许电流时,可以采用_____电池组供电。

41. 当负载的额定电压大于单个电池的电动势时,可以采用_____电池组供电。

42. 把电动势相同的电池所有的_____极连接在一起,组成电池组的正极,所有的_____极连接在一起,组成电池组的负极,称为并联电池组。并联电池组的电动势等于_____,并联电池组的内阻等于每个电池内阻的_____。

43. 把第一个电池的_____极和第二个电池的正极相连,再把第二个电池的_____极和第三个电池的正极相连,这样依次连接起来,就组成了串联电池组。串联电池组的正极是_____电池的正极,串联电池组的负极是_____电池的负极。

44. 通常规定参考点的电位_____,又称为_____。

45. 可任意选取参考点,一般我们将_____称为零电位点。电路中某点的电位就是该点相对零电位点的_____。

46. 计算电路中某点的电位,就是计算该点和零电位点的_____,只要从这一点通过一定的路径绕到_____,该点的电位就等于此路径上_____。

47. 基尔霍夫第一定律也称为_____,可简写为 KCL,其内容为_____,公式为_____。

48. 基尔霍夫第二定律也称为_____,可简写为 KVL,其内容为_____,公式为_____。

49. 支路电流法是以_____为求解对象,应用_____列出所需方程组,而后解出支路电流的方法。

50. 在图 1-22 中,有_____个节点,_____条支路,_____个网孔,_____个回路。

51. 利用支路电流法解复杂直流电路时,应先列出_____个独立节点的电流方程,然后再列出_____个回路电压方程(假设电路有 m 条支路,n 个节点,且 $m>n$)。

52. 当根据支路电流法得出的电流为正值时,说明电流的参考方向与实际方向_____;当电流为负值时,说明电流的参考方向与实际方向_____。

图 1-22　填空题 50 图

53. 电压源变换为电流源时,运用公式_____,内阻_____,由串联改为_____。

54. 电流源变换为电压源时,运用公式_____,内阻_____,由并联改为_____。

55. 在进行等效变换时,I_S 与_____的方向应当一致,即 I_S 的流出端与_____的正极相对应。

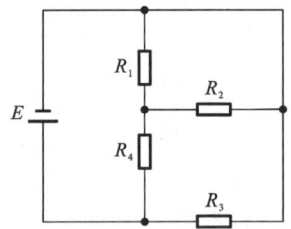

56. 电路理论研究的是 _____ 而不是 _____；实际电路的电路模型是由 _____ 相互连接而成的，_____ 是组成电路模型的最小单位。

57. _____ 形成电流，某处电流的大小等于 _____，电流的单位为 _____，我们规定电流的方向为 _____。

58. 已知在某金属导体中，每秒通过截面的自由电子电量为 0.25 C，方向从 $a \rightarrow b$，则该导线电流 I_{ab} 为 _____。

59. 两点间的电压与 _____ 有关，与 _____ 无关，电压的方向为 _____。

60. 电压、电流的参考方向是决定电压、电流 _____ 为正的标准。当电压、电流的实际方向和参考方向一致时，符号为 _____，反之，符号为 _____。

61. 如图 1-23 所示，电压 $U = 100$ V，元件吸收的功率为 300 W，则 $I =$ _____ A，并在图上标出电压、电流的实际方向。

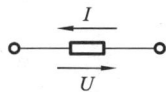

62. 如图 1-24 所示，电路的节点数 $n =$ _____，支路数 $b =$ _____，网孔数 $l =$ _____。

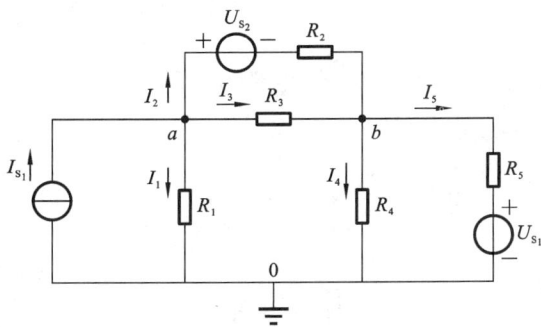

图1-23 填空题 61 图   图1-24 填空题 62 图

63. 基尔霍夫电流定律是 _____ 的体现，其内容为 _____，它约束了与节点相连的各支路电流的关系，又称为 _____ 定律，简称 KCL，其数学表达式为 _____。

64. 基尔霍夫电压定律是 _____ 的体现，其内容为 _____，它约束了回路中所有支路电压的关系，又称为 _____ 定律，简称 KVL，其数学表达式为 _____。

65. 一节干电池的电压为 _____ V，一块手机电池的电压为 _____ V，家庭电路的电压为 _____ V，人体的安全电压不高于 _____ V。

66. 今有电压 $u(t) = 12t + 2$ V 加在电阻为 1 Ω 的电阻两端，则 $t = 0.5$ s 时的电流为 _____ A，功率为 _____ W。

67. 电阻元件总是 _____ 功率的，其功率计算式为 _____。

68. 已知两个电阻元件的电阻之比 $R_1 : R_2 = 3 : 2$，它们串联后的电压之比 $U_1 : U_2 =$

_____;它们并联后的电压之比 $U_1 : U_2 =$ _____,电流之比 $I_1 : I_2 =$ _____。

69. 支路电流法是指_____。

70. 对于具有 b 条支路、n 个节点、m 个网孔的电路,应用 KCL 可以列出_____个独立节点的电流方程,应用 KVL 可以列出_____个网孔电压方程,而独立方程总数为_____。

71. 图 1-25 所示的电路的支路电流法方程组为_____,_____,_____,_____。

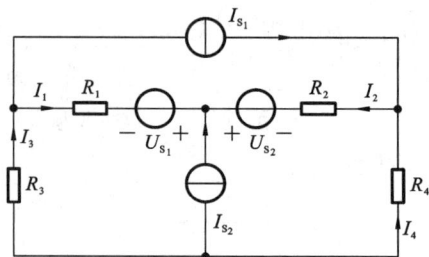

图 1-25　填空题 71 图

72. 在图 1-26(a)所示的电路中,$I =$ _____;在图 1-26(b)所示的电路中,$I =$ _____。

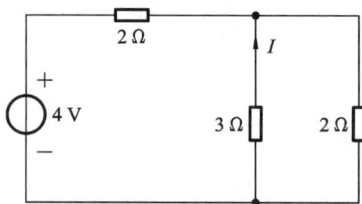

（a）

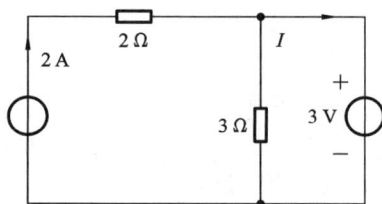

（b）

图 1-26　填空题 72 图

四、问答题与计算题

1. 电路通常由哪几个部分组成? 各部分的作用分别是什么?

_____

_____

_____

_____

2. 为什么随着温度的升高,有些材料的电阻会增大,而有些材料的电阻却会减小?

_____

_____

_____

3. 额定值为 100 V、10 W 的电源能保证额定电压为 100 V 的 2 kΩ 电阻正常工作吗？该电源能否为额定电压为 100 V 的 200 Ω 电阻正常供电？简述理由。

_____

_____

_____

_____

4. 一台电动机的绕组用铜线绕制，在 30 ℃时测出绕组的电阻为 1.3 Ω。运行 1 h 后，测得绕组电阻为 1.4 Ω，求此时绕组的温度。

_____

_____

_____

5. 铜导线的长度为 100 m，截面积为 2.5 mm²，试求该导线在温度为 20 ℃时的电阻。

_____

_____

_____

6. 用截面积为 1 mm²、长度为 200 m 的铜导线绕制一个线圈，这个线圈允许通过的最大电流为 10 A，这个线圈两端最多能加多高的电压？

_____

_____

_____

7. 一个 1600 W、220 V 的负载正常工作时的电流为多少？ 如果不考虑温度对电阻的影响，把它接在 110 V 的电源上，则实际消耗的功率为多少？

_____

_____

_____

8. 用截面积为 0.1 mm² 的康铜电阻丝绕制一个电阻，若将它接在 220 V 的电源上，电阻上通过的电流为 5 A，求绕制这个电阻的电阻丝的长度（康铜的电阻率约为 5×10^{-7} Ω·m）。

_____

_____

_____

_____

9. 如图 1-27 所示。

(1) 当可变电阻 R_3 的滑动触点向左移动时,图 1-27 中各电表的读数如何变化? 为什么?

(2) 当滑动触点移动到可变电阻的最左端时,各电表有读数吗?

(3) 将 R_1 拆去,各电表有读数吗?

_____

_____

_____

10. 如图 1-28 所示,电源的电动势 $E=6$ V,内阻 $R_0=1.8$ Ω,外电阻 $R_3=R_4=R_6=6$ Ω,$R_5=12$ Ω。当开关 K 与 1 接通时,Ⓐ的读数为零;当 K 与 2 接通时,Ⓐ的读数为 0.1 A。求:

(1) R_1 的电阻;

(2) R_2 的电阻。

_____

_____

_____

_____

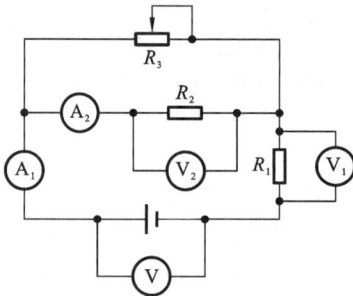

图 1-27   问答题与计算题 9 图

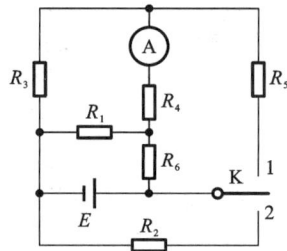

图 1-28   问答题与计算题 10 图

11. 有个一电源,其电动势为 225 V,内阻为 2.5 Ω,其外电路由 220 V、40 W 的电灯并联组成,不计连接导线的电阻,如果希望电灯正常发光,请问可点亮几个电灯?

_____

_____

_____

12. 有一根导线,每小时通过其截面的电荷为 900 C,则通过导线的电流多少 A? 合多少 mA? 多少 μA?

_____

_____

_____

13. 有一个电炉,炉丝的长度为 50 m,炉丝用镍铬丝(镍铬丝的电阻率约为 1.1×10^{-6} Ω·m)制成,若炉丝电阻为 5 Ω,则这根炉丝的截面积为多少?

_____

_____

_____

14. 铜导线的长度为 100 m,截面积为 0.1 mm²,试求该导线在 20 ℃时的电阻。

_____

_____

_____

15. 有一个电阻,当在它的两端加上 50 mV 电压时,电流为 10 mA;当在它的两端加上 10 V 电压时,电流为多少?

_____

_____

_____

16. 有一根康铜丝,截面积为 0.1 mm²,长度为 1.2 m,当在它的两端加上 0.6 V 电压时,通过它的电流正好为 0.1 A,求这种康铜丝的电阻率。

_____

_____

_____

17. 用截面积为 0.5 mm²、长度为 200 m 的铜线绕制一个线圈,这个线圈允许通过的最大电流为 8 A,这个线圈两端至多能加多高的电压?

_____

_____

_____

18. 一个 1 kW、220 V 的电炉,正常工作时电流为多少? 如果不考虑温度对电阻的影响,把它接在 110 V 的电压上,它的功率将为多少?

_____

_____

_____

19. 什么是负载的额定电压和额定功率？当加在负载上的电压低于额定电压时,负载的实际功率还等于额定功率吗？为什么？

_____

_____

_____

_____

20. 试求电阻为 2 kΩ、额定功率为 10 W 的电阻器所允许的工作电流和工作电压。

_____

_____

_____

_____

21. 在图 1-29 中,当单刀双掷开关 K 扳到位置 1 时,外电路的电阻 $R_1 = 14\ \Omega$,测得电流 $I_1 = 0.2$ A;当 K 扳到位置 2 时,外电路电阻 $R_2 = 9\ \Omega$,测得电流 $I_2 = 0.3$ A。求电源的电动势和内阻。

_____

_____

_____

_____

22. 如图 1-30 所示,有一个弧光灯,额定电压 $U_1 = 40$ V,正常工作时通过的电流 $I = 5$ A,应该怎样把它接入 $U = 220$ V 的照明电路?

_____

_____

_____

_____

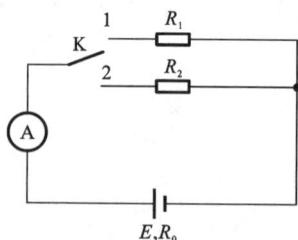

图 1-29　问答题与计算题 21 图

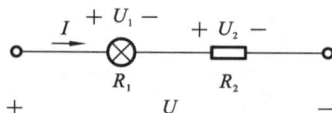

图 1-30　问答题与计算题 22 图

23. 假设有一个电流表(微安),电阻 $R_G = 1$ kΩ,满偏电流 $I_G = 100\ \mu$A,要把它改装成量程为 3 V 的电压表,应该串联多大的电阻?

_____

_____

24. 如图 1-31 所示,线路电压为 220 V,每根输电导线的电阻 $R_1 = 1\ \Omega$,电路中并联了 100 个 220 V、40 W 的电灯。

(1) 当只打开其中 10 个电灯时,求每个电灯的电压和功率;

(2) 当 100 个电灯全部打开时,求每个电灯的电压和功率。

_____

_____

_____

25. 有一个电流表(微安),电阻 $R_G = 1\ \text{k}\Omega$,满偏电流 $I_G = 100\ \mu\text{A}$,现要改装成量程为 1 A 的电流表,应并联多大的分流电阻?

_____

_____

_____

26. 电源的电动势为 1.5 V,内阻为 0.12 Ω,外电路的电阻为 1.38 Ω,求电路中的电流和端电压。

_____

_____

_____

27. 在图 1-32 所示的电路中,加接一个电流表,就可以测出电源的电动势和内阻。当可变电阻的滑动触点在某一位置时,电流表和电压表的读数分别为 0.2 A 和 1.98 V;改变滑动触点的位置后两表的读数分别为 0.4 A 和 1.96 V。求电源的电动势和内阻。

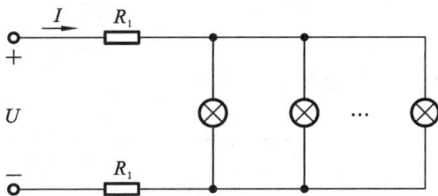

_____

_____

_____

图 1-31 问答题与计算题 24 图   图 1-32 问答题与计算题 27 图

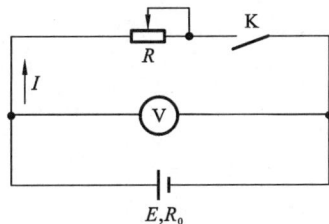

28. 在图 1-33 所示的电路中，1 kΩ 电位器两端各串联一个 100 Ω 的电阻，当改变电位器的滑动触点时，求 U_2 的变化范围。

_____

_____

_____

29. 有一个电流表，内阻为 0.03 Ω，量程为 3 A。当测量电阻 R 中的电流时，电流表本应与 R 串联，但因疏忽，错将电流表与 R 进行了并联，如图 1-34 所示，将会产生什么后果？假设 R 两端的电压为 3 V。

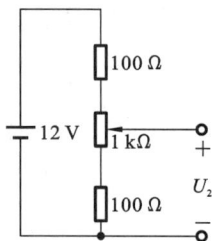

_____

_____

_____

_____

图 1-33　问答题与计算题 28 图　　　　图 1-34　问答题与计算题 29 图

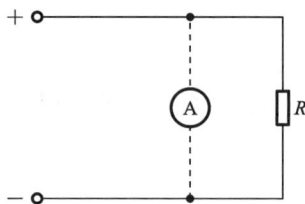

30. 在图 1-35 所示的电路中，电源的电动势为 8 V，内阻为 1 Ω，外电路有三个电阻，R_1 为 5.8 Ω，R_2 为 2 Ω，R_3 为 3 Ω。求：

(1) 通过各电阻的电流；

(2) 外电路中各个电阻上的电压和电源内部的电压；

(3) 外电路中各个电阻消耗的功率、电源内部消耗的功率及电源的总功率。

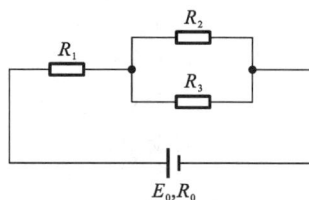

图 1-35　问答题与计算题 30 图

_____

_____

_____

_____

31. 在图 1-36 所示的电路中，求 A、B 两点间的等效电阻。

_____

_____

_____

_____

（a）　　　　　（b）　　　　　（c）

（d）　　　　　（e）

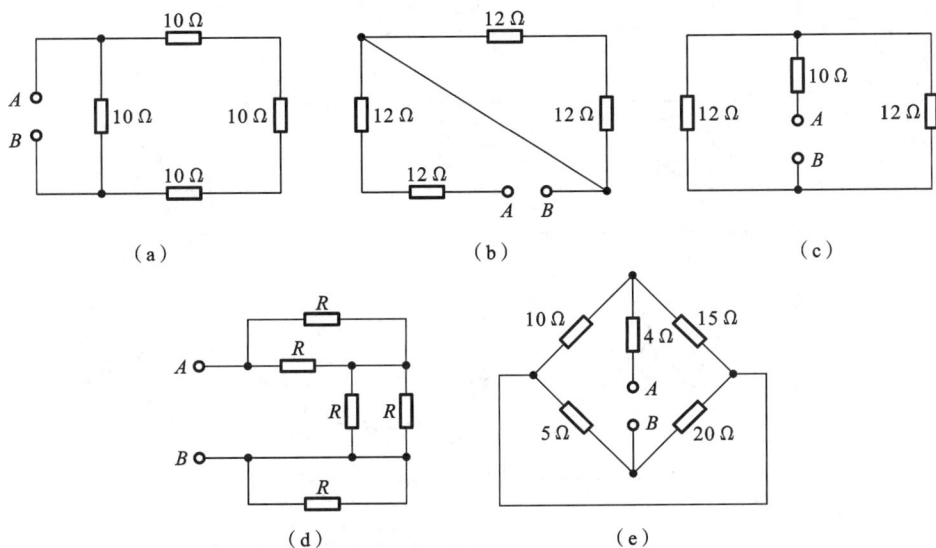

图 1-36　问答题与计算题 31 图

32. 在图 1-37 所示的电路中,有两个量程的电压表,当使用 A、B 两个端点时,量程为 10 V;当使用 A、C 两个端点时,量程为 100 V。已知电压表的内阻 R_G 为 500 Ω,满偏电流 I_G 为 1 mA,求分压电阻 R_1 和 R_2 的值。

_____

_____

_____

_____

33. 在图 1-38 所示的电路中,$E_1 = 20$ V,$E_2 = 10$ V,不计内阻,$R_1 = 20$ Ω,$R_2 = 40$ Ω。
(1) 求 A、B 两点的电位;
(2) 在 R_1 不变的条件下,要满足 $U_{AB} = 0$,求 R_2 的值。

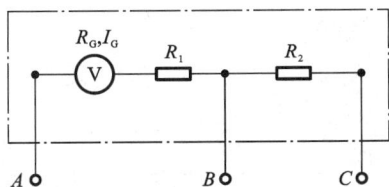

_____

_____

_____

_____

图 1-37　问答题与计算题 32 图

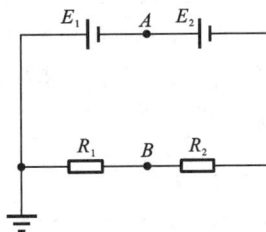

图 1-38　问答题与计算题 33 图

34. 在图 1-39 所示的电路中，$E_1=12$ V，$E_2=E_3=6$ V，不计内阻，$R_1=R_2=R_3=3$ Ω，求 U_{AB}、U_{AC}、U_{BC}。

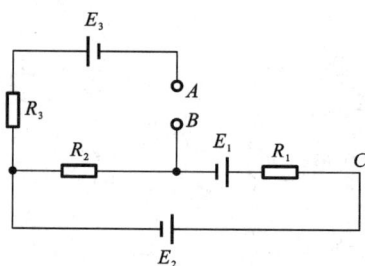

图 1-39　问答题与计算题 34 图

35. 什么是电路？电路有什么作用？

36. 有一段 $L=1000$ m 裸铜导线，测得电阻 $R=6.76$ Ω，则该电线的截面积应为多少 mm^2？在把这一段导线对折后，它的电阻变为多少 Ω？

37. 在某电路中，已知 $U_{AB}=-6$ V，说明 A、B 两点中哪点的电位高？

38. 在图 1-40 中，已知 $V_A=-5$ V，$V_B=3$ V。
(1) 若以 C 点为参考点，求 U_{AC}、U_{BC}、U_{AB}；
(2) 若以 B 点为参考点，求 V_A、V_B、V_C，以及 U_{AC}、U_{BC}、U_{AB}。

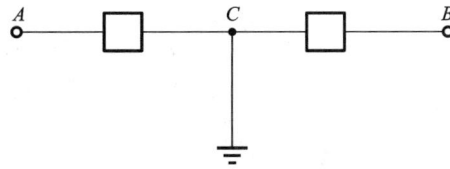

图 1-40 问答题与计算题 38 图

39. 如图 1-41 所示,已知电路中 $I_1=2$ A,$I_2=1$ A,$I_3=-1$ A,$U_1=-4$ V,$U_2=8$ V,$U_3=-4$ V,$U_4=-3$ V,$U_5=7$ V,计算各元件的功率。

_____

_____

_____

40. 什么是线性电阻元件?

_____

_____

_____

41. 已知图 1-42(a)中的 $I=3$ A,求 U 的值;已知图 1-42(b)中的 $U=15$ V,求 I 的值。

_____

_____

_____

_____

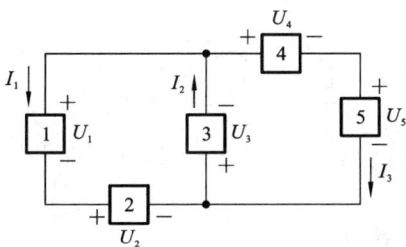

图 1-41 问答题与计算题 39 图

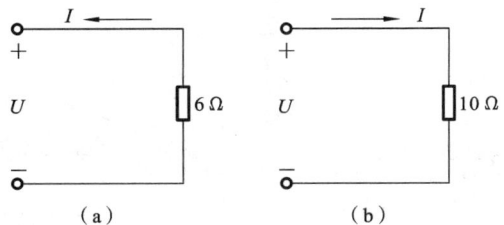

图 1-42 问答题与计算题 41 图

42. 有一电阻耗能 60 W,流过它的电流为 2 A,计算这个电阻与加在它两端的电压。

_____

_____

_____

43. 流过电压源的电流以及电流源两端的电压由什么确定? 实际电压源与实际电流源

有什么特点?

_____

_____

_____

_____

44. 求图 1-43 电路中各元件的功率及电流源的端电压。

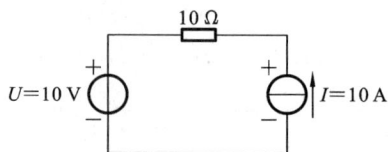

图 1-43   问答题与计算题 44 图

_____

_____

_____

_____

45. 分别求出图 1-44(a)和图 1-44(b)所示的 I_0、I_1、U_{AB}。

_____

_____

_____

_____

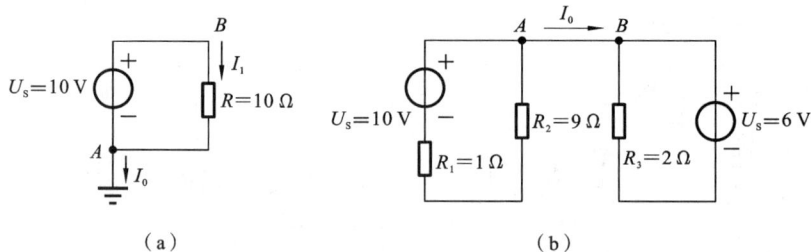

（a）   （b）

图 1-44   问答题与计算题 45 图

46. 有两个电灯,一个电灯为 220 V、100 W,另一个电灯为 220 V、40 W。

（1）哪个电灯的电阻大?

（2）当两个电灯并联或串联在 220 V 电源上,哪个电灯亮?

_____

_____

_____

_____

47. 求图 1-45 所示电路中电流表的读数并标出各支路电流的实际方向。提示:电流表内阻为零。

48. 求图 1-46 中各电流源的电压。提示:先由 KCL 求电流,再由 KVL 确定电流源上的电压。

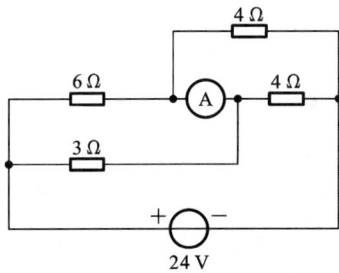

图 1-45　问答题与计算题 47 图

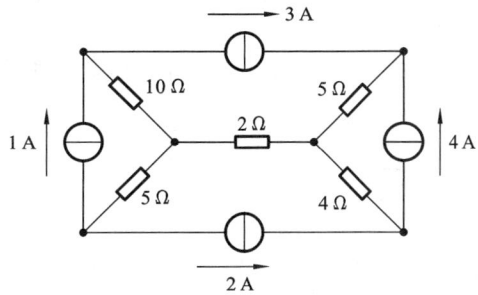

图 1-46　问答题与计算题 48 图

49. 在电路中,什么是支路、节点、回路、网孔?

50. 简述 KCL 及 KVL。

51. 利用 KVL 求图 1-47 中的 U_{AB}。

52. 计算图 1-48 中的 $I_1 \sim I_4$。

_____

_____

_____

_____

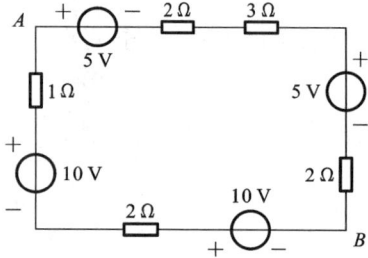

图 1-47　问答题与计算题 51 图

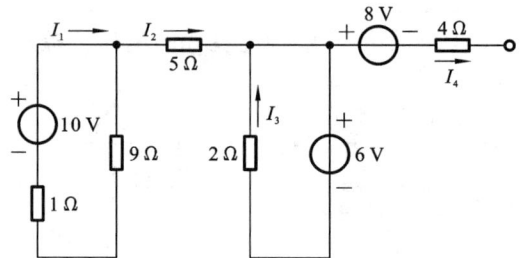

图 1-48　问答题与计算题 52 图

53. 电路如图 1-49 所示，计算电路中的电流 I。

_____

_____

_____

_____

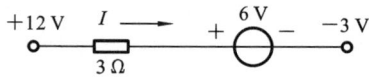

图 1-49　问答题与计算题 53 图

54. 求图 1-50 所示电路二端网络的等效电阻。

_____

_____

_____

_____

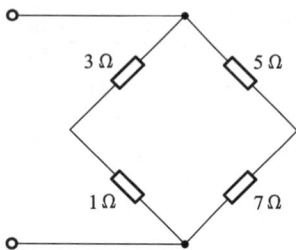

（a）

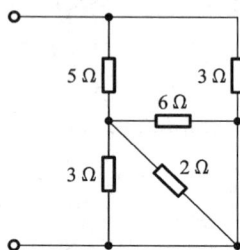

（b）

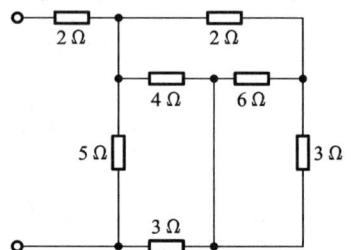

（c）

图 1-50　问答题与计算题 54 图

55. 计算图 1-51 所示电路中的电流 I。

_____

_____

_____

56. 利用两种电路的等效变换方法,将图 1-52 所示电路简化为最简形式。

_____

_____

_____

_____

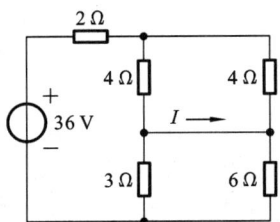

图 1-51　问答题与计算题 55 图

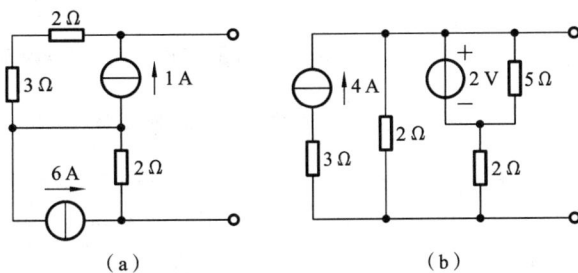

（a）　　　　　　　（b）

图 1-52　问答题与计算题 56 图

57. 利用电路的等效变换方法,求图 1-53 所示电路中的电流 I。

_____

_____

_____

58. 如图 1-54 所示,列出用支路电流法求解电路的方程。

_____

_____

_____

_____

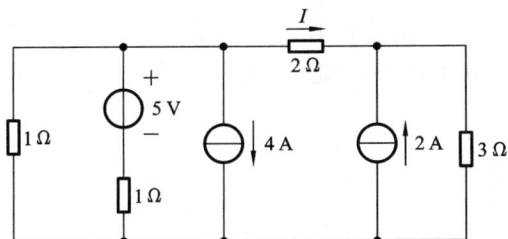

图 1-53　问答题与计算题 57 图

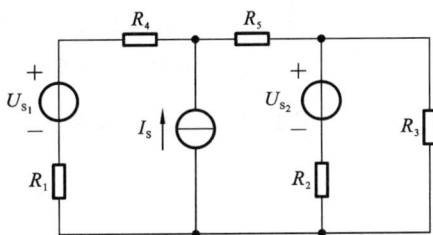

图 1-54　问答题与计算题 58 图

59. 如图 1-55 所示,列出求解电路的方程,并将支路电流用网孔电流表示。

_____
_____
_____
_____

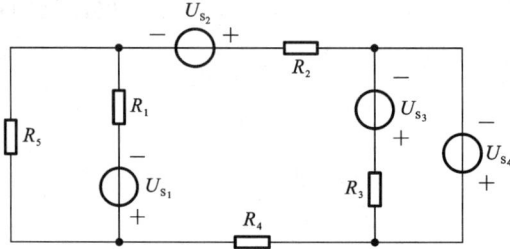

图 1-55　问答题与计算题 59 图

60. 求解图 1-56 所示电路中各支路电流。

_____
_____
_____
_____

61. 如图 1-57 所示,分别用支路电流法求各支路电流。

_____
_____
_____
_____

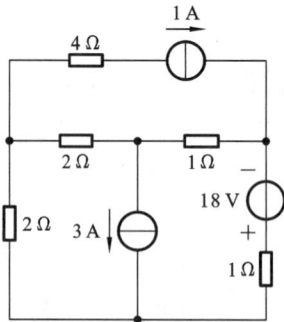

图 1-56　问答题与计算题 60 图

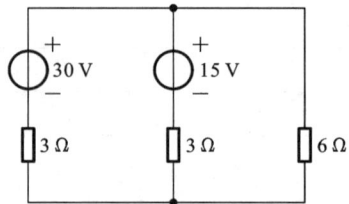

图 1-57　问答题与计算题 61 图

62. 列出求解图 1-58 所示电路的方程。

_____
_____
_____
_____

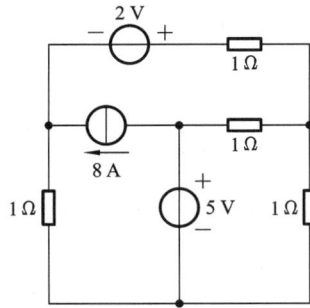

图 1-58 问答题与计算题 62 图

63. 如图 1-59 所示,电阻 R 为多少时能获得最大功率? 并计算其最大功率。

_____

_____

_____

64. 列出求解图 1-60 所示电路的方程。

_____

_____

_____

_____

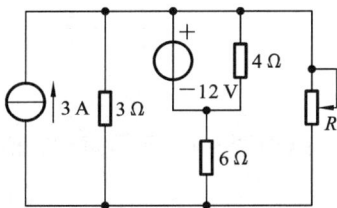

图 1-59 问答题与计算题 63 图

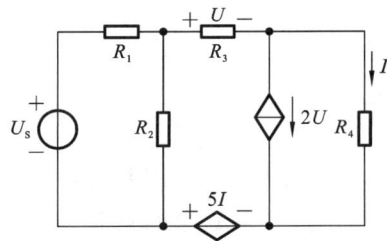

图 1-60 问答题与计算题 64 图

65. 两个电阻串联后的电阻为 16 Ω,并联时的电阻为 3 Ω,则这两个电阻分别为多少?

_____

_____

_____

66. 一个标有"1 kΩ,1 W"的电阻,实际使用时,最大外加电压为多少?

_____

_____

_____

_____

67. 如图 1-61 所示,等效电阻 R 为多少?

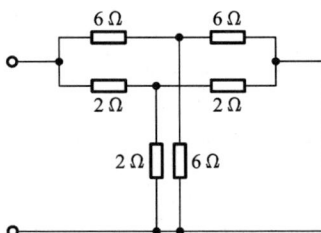

_____

_____

_____

_____

图 1-61   问答题与计算题 67 图

68. 叙述网孔电流与支路电流的关系。

_____

_____

_____

_____

69. 利用节点法列出图 1-62 所示电路的方程。

_____

_____

_____

_____

70. 多量程电流表是利用并联分流电阻来扩大量程的,如图 1-63 所示,已知表头内阻为 $500\ \Omega$,满量程为 $10\ \text{mA}$,求电阻 R_1、R_2、R_3。

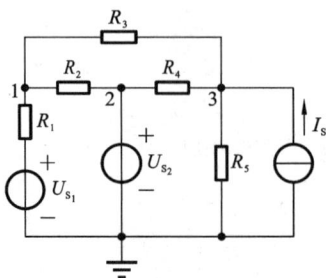

_____

_____

_____

_____

图 1-62   问答题与计算题 69 图

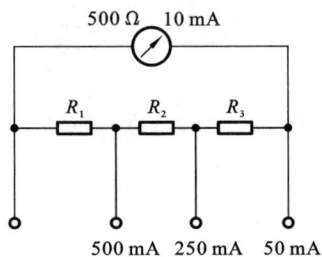

图 1-63   问答题与计算题 70 图

71. 化简图 1-64 所示的电路。

_____

_____

_____

_____

72. 将图 1-65 所示电路等效为电压源模型。

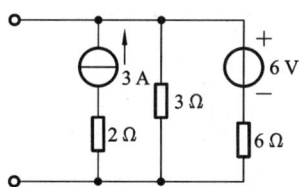

_____

_____

_____

_____

图 1-64 问答题与计算题 71 图

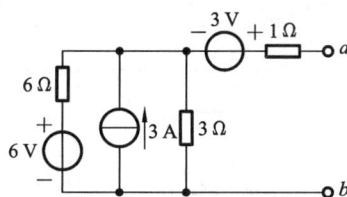

图 1-65 问答题与计算题 72 图

73. 求图 1-66 所示各电路中的电流。

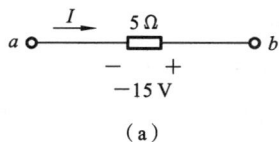

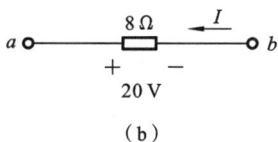

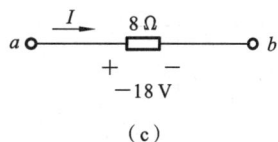

_____

_____

_____

_____

（a）   （b）   （c）

图 1-66 问答题与计算题 73 图

74. 有一个电阻为 20 Ω 的电炉，在接在 220 V 的电源上，连续使用 4 h 后，问它消耗了几度电？

_____

_____

_____

_____

75. 有一个 2 kΩ 的电阻，允许通过的最大电流为 50 mA，求允许在该电阻两端上加的最大电压，以及此时消耗的功率。

_____

_____

76. 试求图 1-67 所示电路中各元件的功率,并判定是吸收功率还是消耗功率。

77. 如图 1-68 所示,求各支路电流。

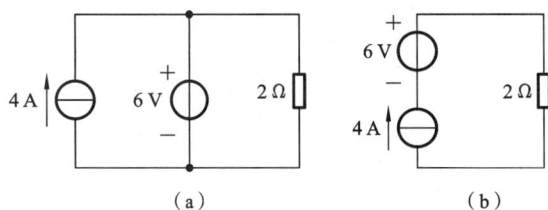

图 1-67　问答题与计算题 76 图

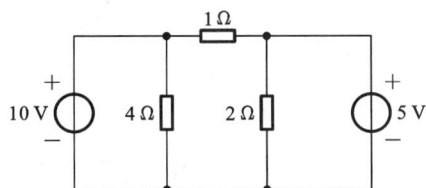

图 1-68　问答题与计算题 77 图

78. 求图 1-69 所示电路中的 U、I、R。

79. 求图 1-70 所示各电路的等效电路。

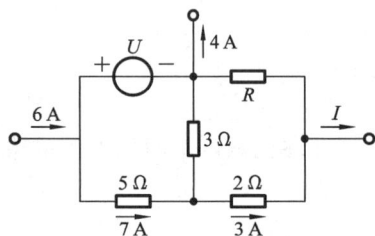

图 1-69　问答题与计算题 78 图

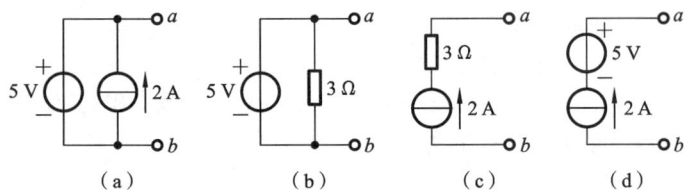

图 1-70　问答题与计算题 79 图

80. 如图 1-71 所示,各支路电流的参考方向已经选定,试用支路电流法求各支路电流。

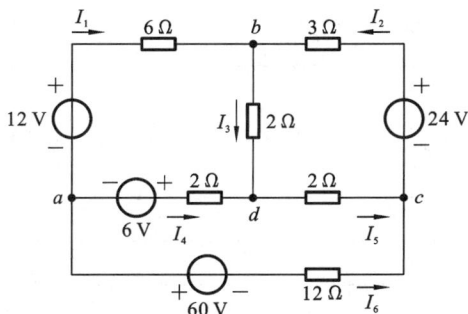

_____

_____

_____

_____

图 1-71 问答题与计算题 80 图

81. 若 a、b 两点的电位分别为 $V_a = 800$ V、$V_b = 200$ V,则 a、b 两点间的电压为多少?

_____

_____

_____

_____

82. 如图 1-72 所示,$E_1 = E_2 = 20$ V,$R_1 = 5$ Ω,$R_2 = 10$ Ω,$R_3 = 15$ Ω,求各支路的电流。

_____

_____

_____

_____

83. 如图 1-73 所示,求这 4 个电阻的等效电阻 R_{ab}。

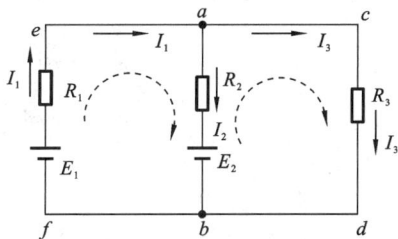

_____

_____

_____

_____

图 1-72 问答题与计算题 82 图

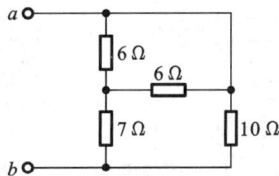

图 1-73 问答题与计算题 83 图

84. 根据串联电路分压的特点,把两个额定值分别为"110 V,60 W"和"110 V,40 W"的电灯,串联在 220 V 的直流电源上。结果发现两个电灯都不能正常发光,一个太亮、一个太暗,这是为什么? 请分析能否把这两个电灯进行串联使用。如果这两个电灯都是 60 W 或 40 W,可否这样串联使用? 请说明原因。

_____

_____

_____

85. 什么是电路模型? 电路由哪几部分组成? 各部分的作用是怎样的?

_____

_____

_____

86. 电路有哪几种工作状态? 熨烫衣服的电熨斗通常处于什么状态? 熨衣服时处于什么状态?

_____

_____

_____

87. 如图 1-74 所示,若 $U_1 = 5$ V,$U_2 = -5$ V,试说明电流 I 的正、负。

_____

_____

_____

88. 如图 1-75 所示,试分析分别以 A、B、C 三点为参考点时的 V_A、V_B 和 V_C,以及 U_{AB}、U_{BC} 和 U_{AC}。

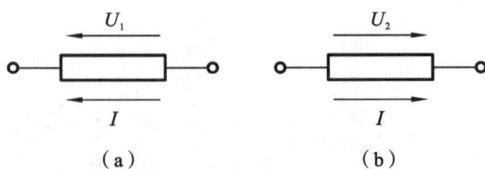

_____

_____

_____

_____

图 1-74　问答题与计算题 87 图　　　　　图 1-75　问答题与计算题 88 图

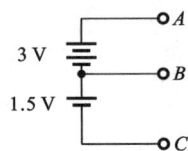

89. 如图 1-76 所示,已知电动势 $E = 3$ V,试写出电压 U 的数值。

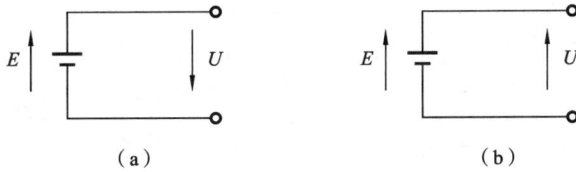

(a)   (b)

图 1-76 问答题与计算题 89 图

90. 某彩色电视机的功率为 75 W,平均每天开机 3 h,设每度电需要缴纳 5 角 4 分,那么,该用户一个月(30 天)要缴纳多少电费?

91. 如图 1-77 所示,求元件两端的电压。

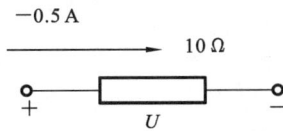

图 1-77 问答题与计算题 91 图

92. 已知一个电炉,其额定电压为 220 V,功率为 100 W,求其工作电流。当该电炉工作 1 h 时,消耗了多少电量?

93. 什么是线性电阻? 什么是非线性电阻?

94. 部分电路欧姆定律的内容是什么？全电路欧姆定律的内容是什么？

95. 影响电阻的因素有哪些？

96. 电灯的灯丝烧断后,再重新连接上,会比原来更亮,你能分析其中的原因吗？

97. 电灯的规格为"220 V,100 W",其电阻为多少？

98. 一个电炉的规格为"220 V,1000 W",求通过电阻丝的电流。

99. 电动势为2 V 的电源与9 Ω 的电阻组成闭合回路,电源两端的电压为1.8 V,求电源的内阻。

100. 标有"100 Ω,5 W"的碳膜电阻,使用时,其额定电压和额定电流分别为多少？

101. 如图 1-78 所示的闭合电路，试分析电阻两端的电压及电流源两端的电压。

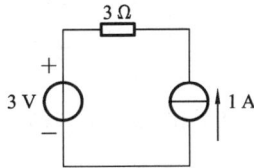

图 1-78　问答题与计算题 101 图

102. 电路的各组成部分有什么作用？

103. 什么是理想元件？为什么要研究理想元件？

104. 如图 1-79 所示，根据电流、电压的参考方向和大小，正确标出电压表和电流表的极性。

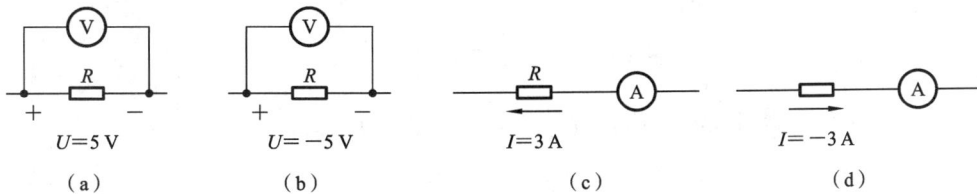

$U=5\,V$　　$U=-5\,V$　　$I=3\,A$　　$I=-3\,A$

（a）　　　　（b）　　　　（c）　　　　（d）

图 1-79　问答题与计算题 104 图

105. 什么是关联方向？什么是非关联方向？

_____

_____

_____

106. 什么是电压源模型？什么是电流源模型？

_____

_____

_____

107. 求图 1-80 中各元件的功率，并判断其是吸收功率还是消耗功率。

_____

_____

_____

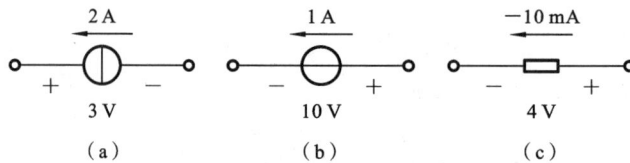

图 1-80　问答题与计算题 107 图

108. 图 1-81(a)和图 1-81(b)中的电压 U_{ab} 分别为多少？

_____

_____

_____

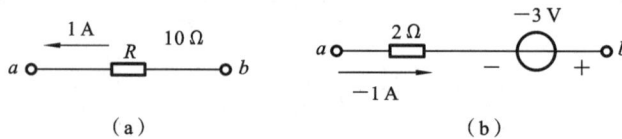

图 1-81　问答题与计算题 108 图

109. 写出图 1-82 中电阻上不同色环(色环标注法)的含义。

_____

_____

_____

_____

110. 如图 1-83 所示,标称电阻为多少?

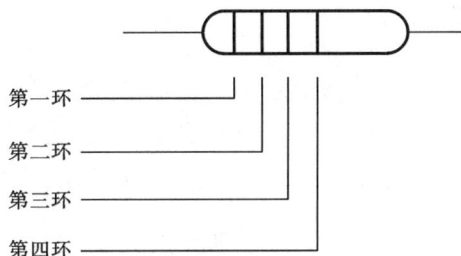

_____

_____

_____

_____

第一环 ————

第二环 ————

第三环 ————

第四环 ————

图 1-82 问答题与计算题 109 图

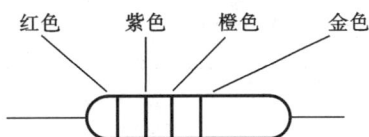

红色 紫色 橙色 金色

图 1-83 问答题与计算题 110 图

111. 如图 1-84 所示,$R_1 = 40\ \Omega$,$E = 36\ V$,$r = 0.5\ \Omega$,R_2 为可变电阻,当 R_2 为多少时,R_2 上消耗的功率最大,其最大功率为多少?

_____

_____

_____

_____

112. 如图 1-85 所示,求 a、b 两点的电位和电压 U_{ab}。

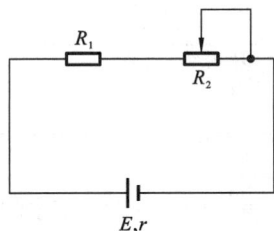

_____

_____

_____

_____

R_1

R_2

E,r

图1-84 问答题与计算题 111 图

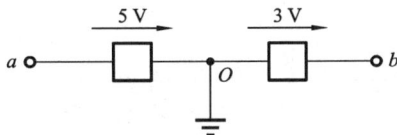

5 V 3 V

a O b

图 1-85 问答题与计算题 112 图

113. 在串联电路中,两个电阻 $R_1 = 10\ \Omega$,$R_2 = 20\ \Omega$,电路中的电流为 3 A。求:

(1) 串联电路的总电阻;

(2) 各个电阻上的电压和总电压;

(3) 各个电阻上的功率和总功率。

_____

_____

_____

_____

114. 如图 1-86 所示,有一个指示灯,额定电压 $U_1 = 6$ V,正常工作时,额定电流 $I = 0.5$ A。应如何把它接入 $U = 12$ V 的电路中,它才能正常工作?

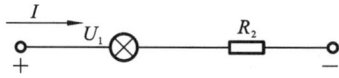

_____

_____

_____

_____

图 1-86　问答题与计算题 114 图

115. 有一个电流表,内阻 $R_G = 1000$ Ω,满偏电流 $I_G = 100$ μA,要把它改装成量程为 $U = 6$ V 的电压表,应串联多大的电阻?

_____

_____

_____

_____

116. 由两个电阻并联的电路,其中 R_1 为 100 Ω,流过 R_1 的电流 $I_1 = 0.2$ A,通过整个并联电路的电流为 0.6 A。求:

(1) R_2 和流过 R_2 的电流 I_2;

(2) 两个电阻的功率。

_____

_____

_____

117. 如图 1-87 所示,已知某电流表(微安)的内阻为 $r_G = 1000$ Ω,允许流过的最大电流 $I_G = 100$ μA $= 0.0001$ A。现要用此电流表制作一个量程为 2 A 的电流表,则需并联多大的分流电阻 R_0?

_____

_____

_____

_____

118. 如图 1-88 所示,已知 $E=3$ V(不计内阻),$R_1=6$ Ω,$R_2=R_4=2$ Ω,$R_3=R_5=4$ Ω,试求流过 R_1 的电流。

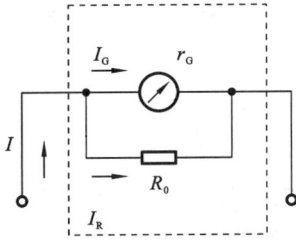

图 1-87　问答题与计算题 117 图

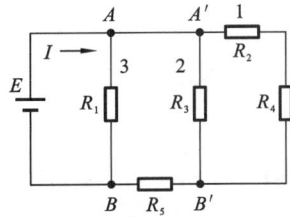

图 1-88　问答题与计算题 118 图

119. 如图 1-89 所示,已知 $E=3$ V(不计内阻),$R=24$ Ω,试求电路中的总电流。

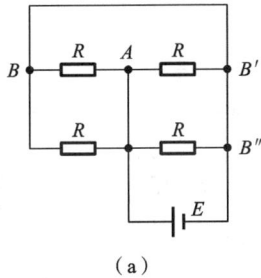

（a）

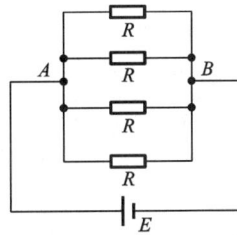

（b）

图 1-89　问答题与计算题 119 图

120. 有三个电阻,其值分别为 1 Ω、2 Ω 和 3 Ω,经串联、并联组合可获得几种电阻值?

121. 如图 1-90 所示,求 R_{ab}。

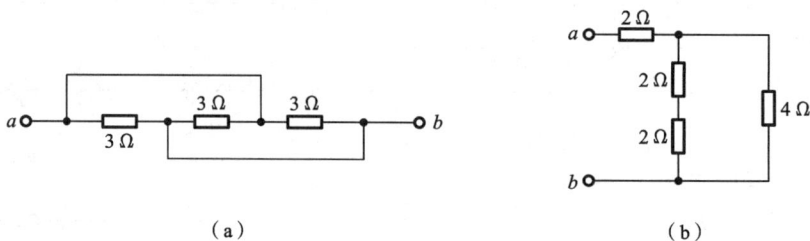

（a）　　　　　　　　　　　　（b）

图 1-90　问答题与计算题 121 图

122. 有 5 个蓄电池，每个蓄电池的电动势为 2 V，内阻为 0.1 Ω。把它们串联起来，为 R =4.5 Ω 的负载供电，通过负载的电流多少？若蓄电池的最大允许电流为 1 A，则负载能否正常工作？

123. 有两个电动势为 1.5 V、内阻为 0.2 Ω 的电池并联，给 1.4 Ω 的负载供电，负载中的电流为多少？

124. 在图 1-91 中，已知 E_1=15 V，E_2=10 V，$R_1=R_2=R_3=R_4=50$ Ω，求：
(1) A、B、C、D、E、F 点的电位；
(2) U_{AB}、U_{DC}。

125. 如图 1-92 所示，设 c 点为参考点，试求 a、b、c、d、e 各点的电位。

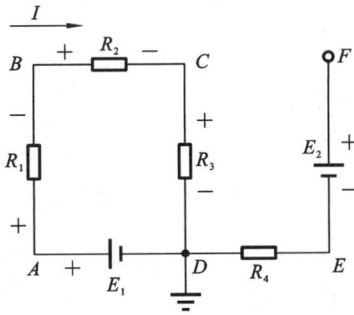

图 1-91 问答题与计算题 124 图

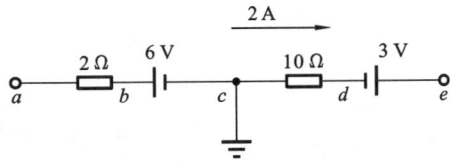

图 1-92 问答题与计算题 125 图

126. 已知 $I_1 = 20$ mA, $I_3 = 10$ mA, $I_4 = 5$ mA, 方向如图 1-93 所示, 试求其余支路电流。

127. 如图 1-94 所示, 已知 $E_1 = 10$ V, $E_2 = 5$ V, $R_1 = R_2 = 1$ Ω, $R_3 = 7$ Ω, 求各支路电流。

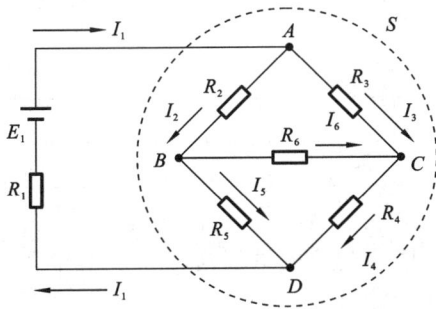

图 1-93 问答题与计算题 126 图

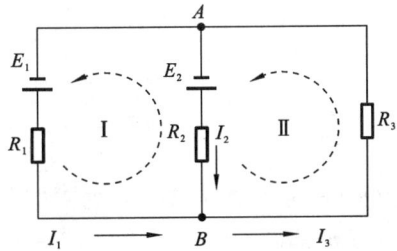

图 1-94 问答题与计算题 127 图

128. 如图 1-95 所示, 已知 $E_1 = 18$ V, $E_2 = 12$ V, $R_1 = 30$ Ω, $R_2 = 6$ Ω, $R_3 = 18$ Ω。试用电路的等效变换方法求出 R_3 上的电流。

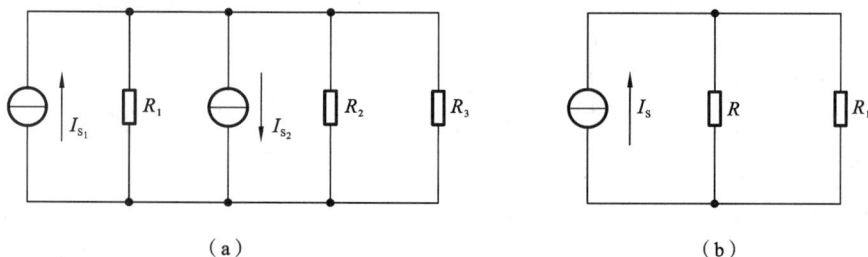

（a）　　　　　　　　　　　　　　　（b）

图 1-95　问答题与计算题 128 图

129. 两个电阻串联，其中 $R_1=5\ \Omega$，$R_2=10\ \Omega$，已知 R_1 中的电流为 1 A，求 R_1 和 R_2 两端的电压。

_____

_____

_____

130. 两个电阻串联，其中 $R_1=40\ \Omega$，$R_2=8\ \Omega$，已知 R_1 的功率为 10 W，那么 R_2 消耗的功率为多少？

_____

_____

_____

131. 有一台机床，需要额定电压为 12 V 的指示灯，但现在只有几个额定电压为 6 V 的指示灯，应怎样连接，才能保证让指示灯正常工作？

_____

_____

_____

132. 有一个表头，$I_G=100\ \mu A$，$R_G=1\ k\Omega$，如果把它改装成量程为 1.5 V 的电压表，需串联多大的电阻？若改装成量程为 3 A 的电流表，需并联多大的电阻？

_____

_____

_____

133. 在两个电阻并联的电路中，$R_1=100\ \Omega$，流过 R_1 的电流 $I_1=0.2$ A，电路中的总电流 $I=0.6$ A，试求电阻 R_2，以及流过 R_2 的电流 I_2 及 R_2 消耗的功率。

_____

_____

134. 在 6 个电灯并联的电路中,除 3 号电灯不亮外,其余电灯都亮。在把 3 号电灯取下灯座后,其余的电灯仍亮,请解释电路中的故障。

135. 手电筒内有三节串联的干电池,每节干电池的电动势都为 1.5 V,电灯的额定电压为 3.8 V,额定电流为 0.3 A。电路接通时,电路电流为 0.2 A,求每节电池的内阻。

136. 有三个电动势为 1.5 V、内阻为 0.3 Ω 的电池并联,给 9.9 Ω 的负载供电,求负载中的电流。

137. 已知 $R_1 = 10 \ \Omega$,$R_2 = 20 \ \Omega$,试求图 1-96 所示电阻混联电路 a、b 两点间的等效电阻。

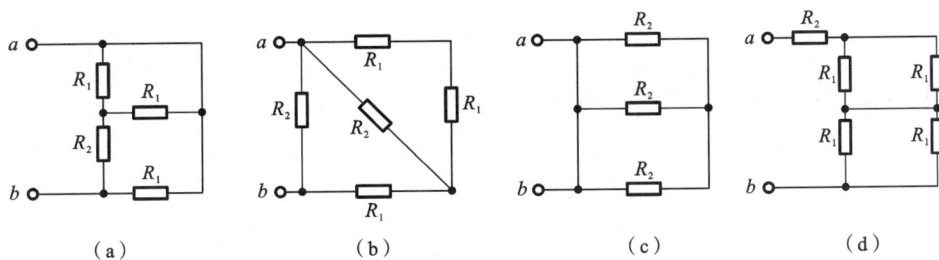

图 1-96 问答题与计算题 137 图

138. 已知 $E_1 = 18$ V,$E_2 = 10$ V,$E_3 = 6$ V,$R = 50$,$R_1 = 3 \ \Omega$,求如图 1-97 所示各点的电位。

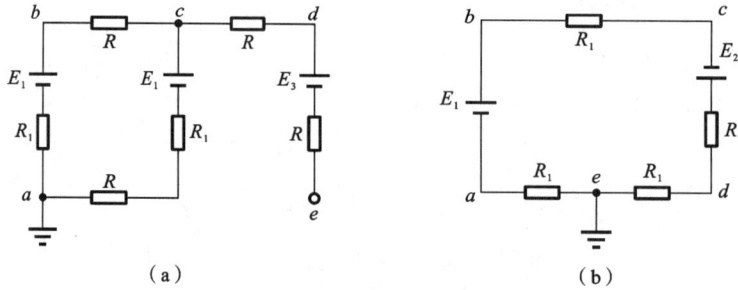

图 1-97　问答题与计算题 138 图

139. 为什么理想电压源和理想电流源不可以进行等效变换？

140. 在图 1-98 中，请用虚线箭头表示电流的实际方向，同时确定 i 是大于零还是小于零。

141. 已知某电路中 $U_{ab}=-5$ V，a、b 两点哪点的电位高？

142. 如图 1-99 所示，当 $U=-150$ V 时，试写出 U_{AB} 和 U_{BA}。

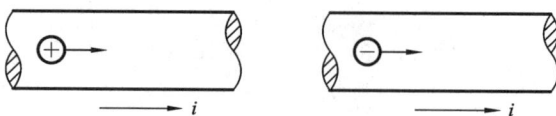

图 1-98　问答题与计算题 140 图

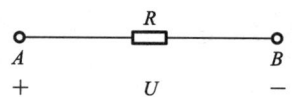

图 1-99　问答题与计算题 142 图

143. 已知流过电路中的电荷 $q = 100t + 10C$。

(1) 求电流 i；

(2) 请画出 q 和 i 随 t 变化的曲线。

_____

_____

_____

_____

144. 如图 1-100 所示，若元件的电压、电流方向为参考方向，已知：

(1) $U = 10$ V，$I = 2$ A；

(2) $U = -10$ V，$I = -2$ A；

(3) $U = -10$ V，$I = 2$ A；

(4) $U = 10$ V，$I = -2$ A。

求各元件的功率，并判断它们是电源还是负载。

_____

_____

_____

_____

145. 如图 1-101 所示，已知 $U_{AB} = 10$ V，$U_{CB} = 20$ V，$U_{AD} = 15$ V，若以 A 为参考点，试求 A、B、C、D 四点的电位 V_A、V_B、V_C、V_D。若以 C 为参考点，求上述各点的电位。

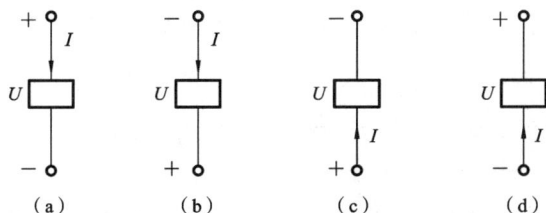

_____

_____

_____

_____

图 1-100　问答题与计算题 144 图　　　　图 1-101　问答题与计算题 145 图

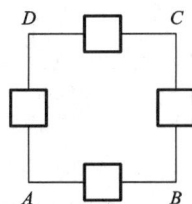

146. 如图 1-102 所示，已知元件的吸收功率 $P = 30$ W，求元件的端电压。若元件的发出功率 $P = 30$ W，求此时元件的端电压。

_____

_____

_____

_____

147. 标称值为"6 V,0.9 W"的电灯的额定电流为多少? 如果误将其接到 15 V 的电源上,会产生什么后果?

_____

_____

_____

_____

148. 求图 1-103 所示电路中各元件的未知量。

_____

_____

_____

_____

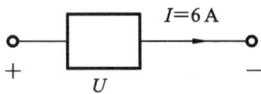

图 1-102　问答题与计算题 146 图

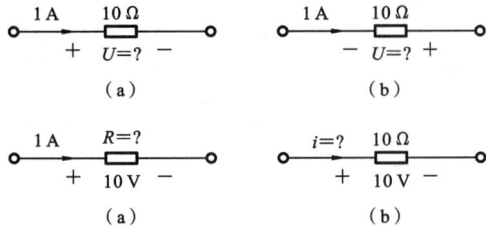

图 1-103　问答题与计算题 148 图

149. 一段有源支路 ab,已知 $U_{S_1}=6$ V,$U_{S_2}=14$ V,$U_{ab}=5$ V,$R_1=2$ Ω,$R_2=3$ Ω,设电流的参考方向如图 1-104 所示,求 I。

_____

_____

_____

_____

150. 如图 1-105 所示,根据 KVL 找出 U 与 I 的关系式,并找出其规律。有时我们把这种规律称为含源支路的欧姆定律。

_____

_____

_____

_____

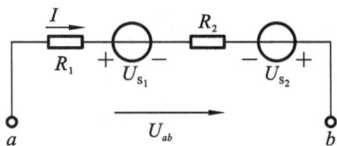

图 1-104　问答题与计算题 149 图

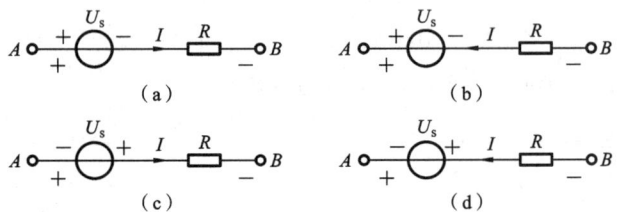

图 1-105　问答题与计算题 150 图

151. 如图 1-106(a)和图 1-106(b)所示,各有多少条支路和节点? U_{ab} 和 I 是否等于零?

_____

_____

_____

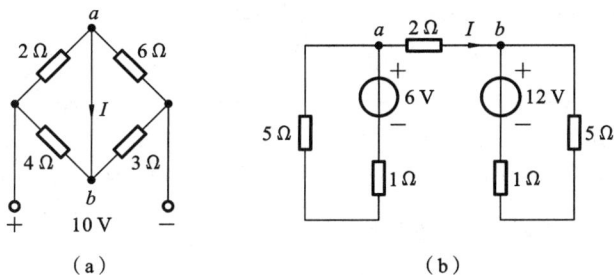

图 1-106 问答题与计算题 151 图

152. 求图 1-107 所示电路中的电压 U_{ab} 和 U_{bc}。

_____

_____

_____

153. 求图 1-108 中 a、b 两点间的电压 U_{ab}。

_____

_____

_____

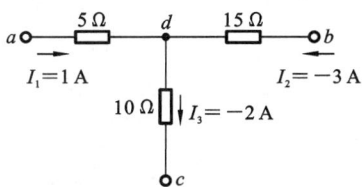

图 1-107 问答题与计算题 152 图

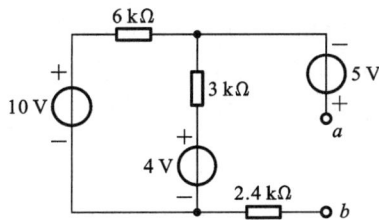

图 1-108 问答题与计算题 153 图

154. $U_{ab} + U_{bc} + U_{ca} = 0$ 是否永远正确?

_____

_____

_____

155. 图 1-109 所示电路为闪光灯电路,已知电池的内阻(内阻用 r 表示)为 0.3 Ω。

(1) 由于电池内阻的存在,使用时,电池会发热;

(2) 电流流过电池时,因内阻上存在电压,使得电池的端电压下降;

(3) 电池可提供的电流是有限值(约 5 A)。当开关闭合时,试计算用以代表闪光灯的 2.5 Ω电阻两端的电压。

_____

_____

_____

_____

156. 图 1-110 所示的为常用的一种可调串联分压电路。R_p 为一个可变电阻,滑动端上部电阻为 R_{p_1},下部电阻为 R_{p_2}。已知 $R_1=R_2=100$ Ω,$R_p=200$ Ω,$U_1=12$ V,U_0 的可调范围为多少?

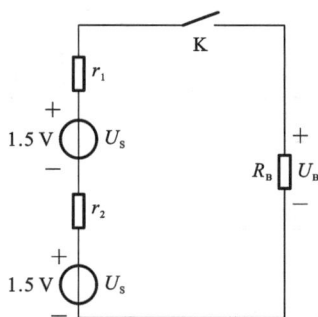

_____

_____

_____

_____

图 1-109　问答题与计算题 155 图　　　　　图 1-110　问答题与计算题 156 图

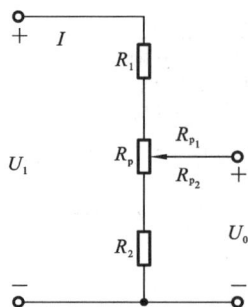

157. 欲将一个内阻 R_G 为 1 kΩ、满偏电流 I_G 为 10 μA 的表头改装成量程为 10 V 的电压表,如图 1-111 所示,则需串联一个多大的电阻?

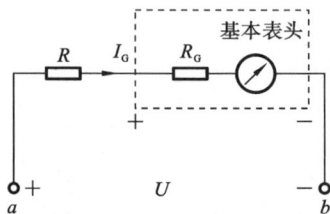

_____

_____

_____

_____

图 1-111　问答题与计算题 157 图

158. 如图 1-112 所示,已知 $U=100$ V,$R_1=7.2$ Ω,$R_2=64$ Ω,$R_3=6$ Ω,$R_4=10$ Ω,求电路的等效电阻及其各支路的电流。

159. 试求图 1-113 所示电路的等效电阻。

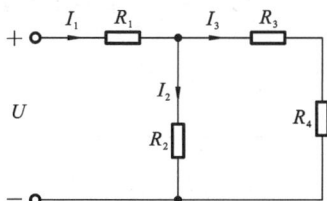

图 1-112　问答题与计算题 158 图　　　图 1-113　问答题与计算题 159 图

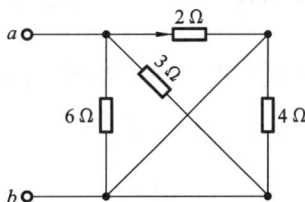

160. 在日光灯或电炉的电阻丝烧断后,再将其连接起来,日光灯会比原来更亮,电炉会比原来热得更快。这是为什么?

161. 在实际工程中,某技术员手头只有若干个标称电阻为“100 Ω,0.125 W”的电阻,现需要规格为“200 Ω,0.25 W”和“50 Ω,0.25 W”的电阻,该怎么处理?

162. 如图 1-114 所示,求开关 K_1、K_2、K_3、K_4 依次闭合后,电路的等效电阻。在一个电路中,通过判断并联电阻的数量与等效电阻的关系,解释电路的超载问题。

163. 求图 1-115 所示电路中的 I_1、I_2、I_3 和 I_4 等效电阻 R_{ab}。

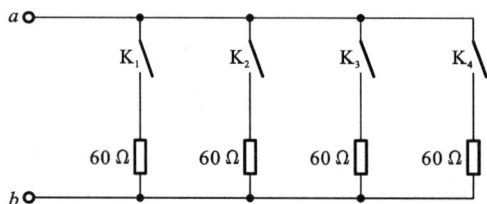

图 1-114　问答题与计算题 162 图

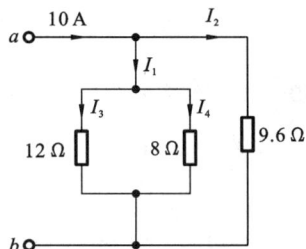

图 1-115　问答题与计算题 163 图

164. 等效化简图 1-116 所示的电路。

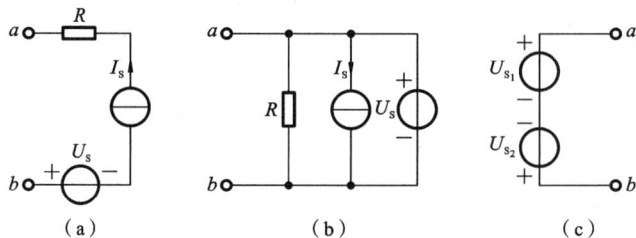

图 1-116　问答题与计算题 164 图

165. 如果图 1-117 所示的电路存在,应满足什么条件? 如何化简呢?

166. 在如图 1-118 所示的电路中,电路有几个节点、几条支路和几个网孔? 能列出几个独立的 KCL 方程和 KVL 方程?

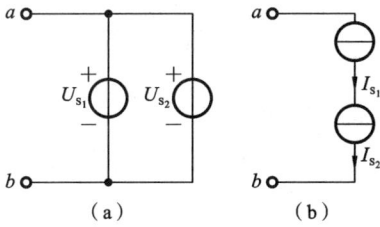

图 1-117 问答题与计算题 165 图

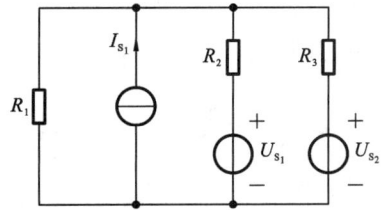

图 1-118 问答题与计算题 166 图

167. 如图 1-119 所示,用支路电流法计算各支路电流。

_____

_____

_____

168. 如图 1-120 所示,已知:$R_1 = 1\ \Omega$,$R_2 = 2\ \Omega$,$U_{s_1} = 5\ \mathrm{V}$,$I_{s_3} = 1\ \mathrm{A}$。利用支路电流法求各支路电流和电流源两端的电压。

_____

_____

_____

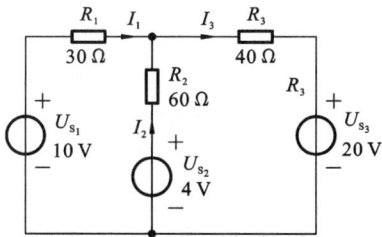

图 1-119 问答题与计算题 167 图

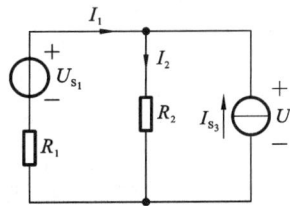

图 1-120 问答题与计算题 168 图

169. 求如图 1-121 所示电路的支路电流。

_____

_____

_____

170. 求如图 1-122 所示电路的电压 U。

_____

_____

_____

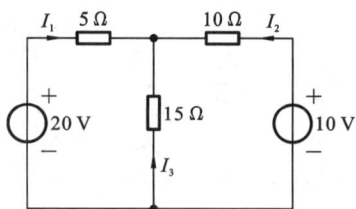

图 1-121 问答题与计算题 169 图

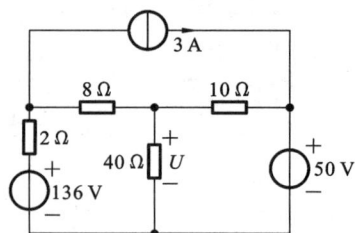

图 1-122 问答题与计算题 170 图

171. 如果电路中有 n 个节点,可列出几个独立的节点电压方程?

_____

_____

_____

172. 以下两种说法正确吗? 为什么?

(1)与理想电流源串联的电阻对电路各节点的节点电压不产生任何影响;

(2)与理想电压源并联的电阻对电路中其他支路的电流不产生任何影响,故也不影响各节点电位的大小。

_____

_____

_____

173. 如图 1-123 所示,$I_S = 260$ A,$R_1 = R_2 = 0.5$ Ω,$R_3 = 0.6$ Ω,$R_4 = 24$ Ω,$U_S = 117$ V,求 I_3。

_____

_____

_____

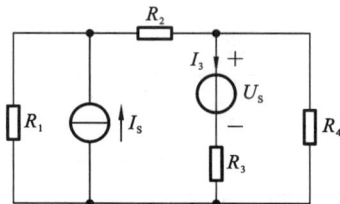

图 1-123 问答题与计算题 173 图

174. 电压、电位、电位差和电动势有何区别与联系?

_____

175. 说明使用参考方向时要注意的问题。

176. 什么是电功率?

177. 如图 1-124 所示,求 a、b、c 各点的电位。

178. 如图 1-125 所示,试分别以 a 点和 b 点为参考点,计算其他各点电位及电压 U。

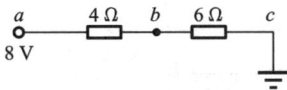

图 1-124　问答题与计算题 177 图　　　图 1-125　问答题与计算题 178 图

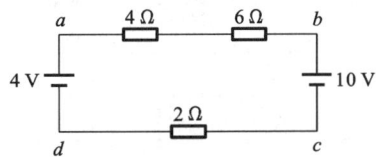

179. 求图 1-126 所示电路的电流 I 和电压 U。

180. 求图 1-127 电路中的电压 U_1 和 U_2。

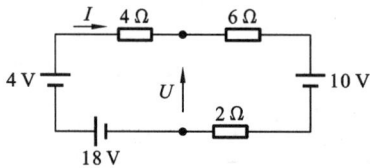

图 1-126　问答题与计算题 179 图

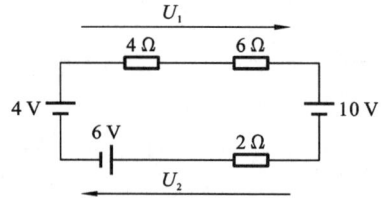

图 1-127　问答题与计算题 180 图

181. 如图 1-128 所示,已知 $I_1=8$ A,$I_2=6$ A,$R_1=10$ Ω,$R_2=20$ Ω,$R_3=10$ Ω,$R_4=10$ Ω,求电路中电流 I_3、I_4、I_5 和 I_6。

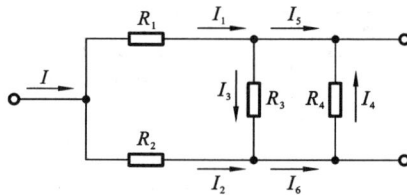

图 1-128　问答题与计算题 181 图

182. 求图 1-129 所示电路中各端电压 U_{ab}。

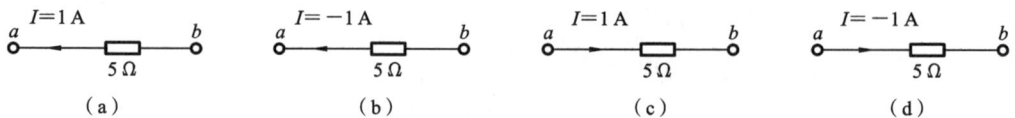

图 1-129　问答题与计算题 182 图

183. 在图 1-130 所示电路中,已知图 1-130(a)中的电阻两端电压波形如图 1-130(b)所示,求电阻 R 中的电流波形。

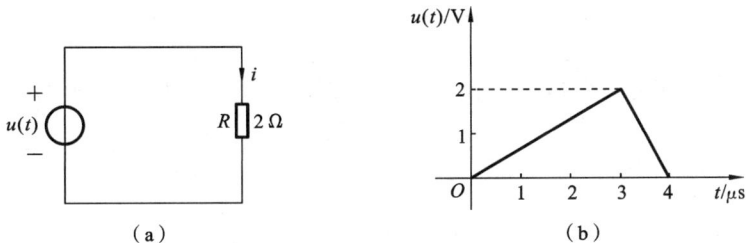

图 1-130　问答题与计算题 183 图

184. 如图 1-131 所示,求电压 U_{ab}。

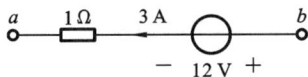

图 1-131　问答题与计算题 184 图

185. 如图 1-132 所示,若已知元件 C 的发出功率为 20 W,求元件 A 和 B 的吸收功率。

186. 计算图 1-133 所示电路中的电流 I、电压 U 和两电源的功率。

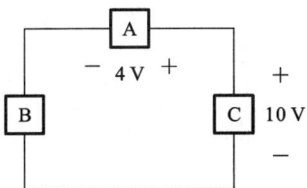

图 1-132　问答题与计算题 185 图

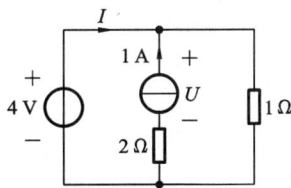

图 1-133　问答题与计算题 186 图

187. 如图 1-134 所示,求 R 分别为 5 Ω、20 Ω 时各电源电流与输出功率。

_____

_____

_____

188. 如图 1-135 所示,求 R 分别为 1 Ω、100 Ω 时各电源电压与输出功率。

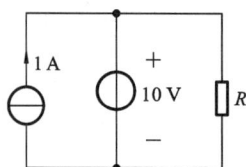

_____

_____

_____

_____

图 1-134　问答题与计算题 187 图　　　　图 1-135　问答题与计算题 188 图

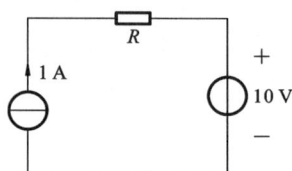

189. 一个电灯的工作电压为 6 V,工作电流为 150 mA,当用 12 V 电源供电时,应串联多大的电阻才能使电灯正常发光?

_____

_____

_____

190. 求图 1-136 所示各电路的等效电阻 R_{ab}。

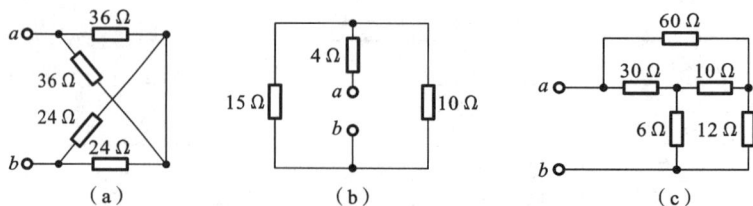

_____

_____

_____

图 1-136　问答题与计算题 190 图

191. 求图 1-137 所示电路中的电流。

_____

192. 图 1-138 所示的为一分压器电路，R_L 为负载电阻，输入电压保持 220 V 不变。

(1) 如果开关断开，负载电阻 R_L 未接入，则输出电压 U_o 为多少？

(2) 如果开关接通，负载电阻 $R_L = 150\ \Omega$，则输出电压 U_o 为多少？

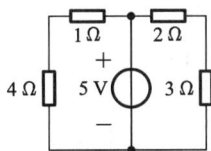

图 1-137　问答题与计算题 191 图

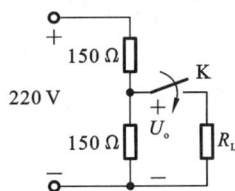

图 1-138　问答题与计算题 192 图

193. 如图 1-139 所示，利用支路电流法求各支路电流。

194. 求解图 1-140 所示电路中的各支路电流。

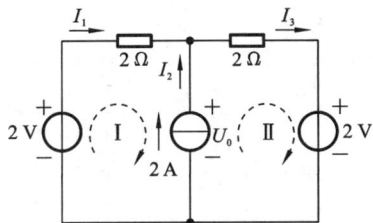

图 1-139　问答题与计算题 193 图

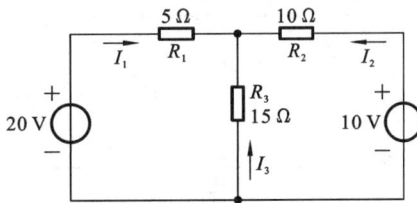

图 1-140　问答题与计算题 194 图

195. 求解图 1-141 所示电路中各支路的电流 I_1 和 I_2。

196. 求解图 1-142 所示电路中各支路的电流。

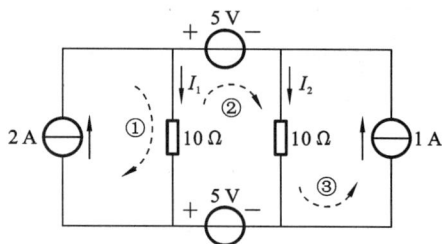

图 1-141　问答题与计算题 195 图

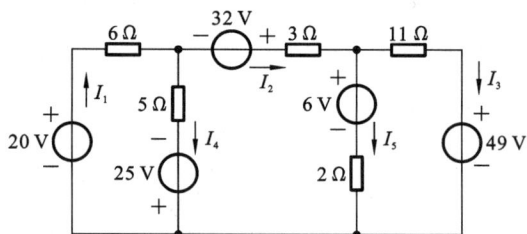

图 1-142　问答题与计算题 196 图

197. 如图 1-143 所示，求电路的节点电压。

198. 试分别列出利用支路电流法求解图 1-144 所示电路的方程组。

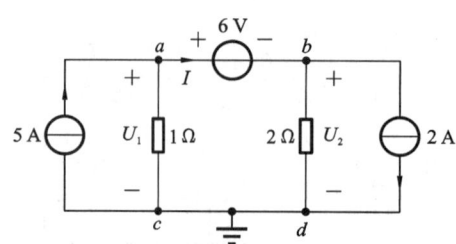

图 1-143　问答题与计算题 197 图

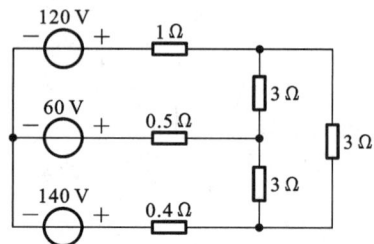

图 1-144　问答题与计算题 198 图

199. 求解图 1-145 所示电路中各支路电流。

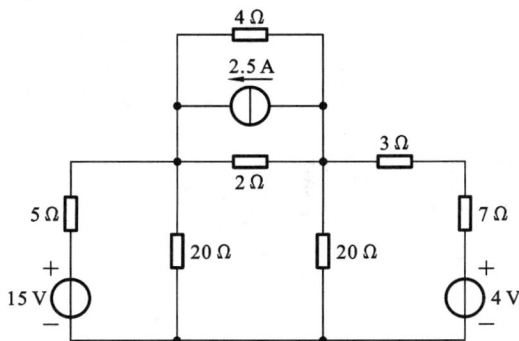

图 1-145 问答题与计算题 199 图

200. 电阻 R 上的电压的参考方向如图 1-146 所示,已知 $U_1 = 5$ V, $U_2 = -3$ V,试说明电压的实际方向。

201. 在图 1-147 所示电路中,已知 $U_{CO} = 5$ V, $U_{CD} = 2$ V,若分别以"O"或"C"点为参考点,求 V_C、V_D、V_O 及 U_{CD}。

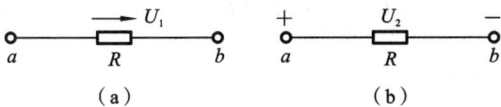

图 1-146 问答题与计算题 200 图

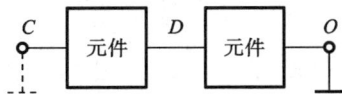

图 1-147 问答题与计算题 201 图

练习二

电容、电感及变压器

一、单项选择题

1. 图 2-1 所示分压器电路的输入电压 $U_i=60$ V，则输出电压 U_o 的调节范围为（　　）。

A. $20\sim40$ V　　　　B. $40\sim60$ V　　　　C. $0\sim20$ V　　　　D. $0\sim40$ V

2. 关于电容和电感的压流关系：当 u、i 关联时，下列关系式正确的是（　　）。

A. $i_C=C\dfrac{\mathrm{d}u_C(t)}{\mathrm{d}t}$　　　B. $i_L=L\dfrac{\mathrm{d}u_L(t)}{\mathrm{d}t}$　　　C. $u_C=Ci_C$　　　D. $u_L=Li_L$

3. 当 $i=2$ A 的电流通过电感线圈时，产生的磁通为 10 mWb，则电感 $L=$（　　）。

A. 5 mH　　　　B. 10 mH　　　　C. 20 mH　　　　D. 5 H

4. 图 2-2 所示两电路的端口等效电容 C_{ab} 分别为（　　）。

A. 18 F，11 μF　　B. 4 F，1 μF　　C. 18 F，1 μF　　D. 4 F，11 μF

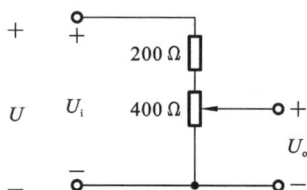

图 2-1　单项选择题 1 图

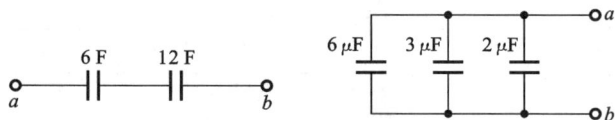

图 2-2　单项选择题 4 图

5. 图 2-3 所示两电路的端口等效电感 L_{ab} 分别为（　　）。

A. 27 H，20 mH　　B. 27 H，5 mH　　C. 3 H，5 mH　　D. 3 H，20 mH

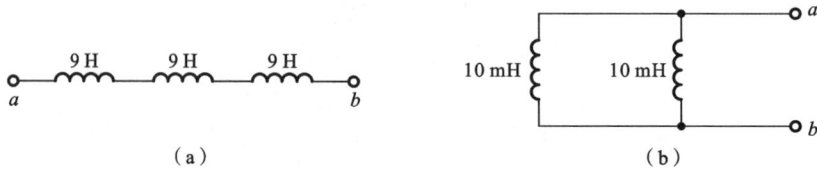

（a）

（b）

图 2-3　单项选择题 5 图

6. 电容 C_1 和 C_2 串联后接入直流电路，若 $C_1=3C_2$，则 C_1 两端的电压是 C_2 两端电压的

（　　）。

　　A．3 倍　　　　　　　B．9 倍　　　　　　C．1/9　　　　　　　D．1/3

7．两块平行金属板带等量异种电荷，要使两板间的电压加倍，可采用的办法为（　　）。

　　A．两极板的电荷加倍，而距离变为原来的 4 倍

　　B．两极板的电荷加倍，而距离变为原来的 2 倍

　　C．两极板的电荷减半，而距离变为原来的 4 倍

　　D．两极板的电荷减半，而距离变为原来的 2 倍

8．如果把一个电容极板的面积加倍，并使其两极板之间的距离减半，则（　　）。

　　A．电容增大到 4 倍　B．电容减至 1/2　C．电容加倍　　　D．电容保持不变

9．在图 2-4 所示的电路中，电容 A 的 $C_A=30\ \mu F$，电容 B 的 $C_B=10\ \mu F$。在开关 K_1、K_2 都断开的情况下，分别给电容 A、B 充电。充电后，M 点的电位比 N 点高 5 V，O 点的电位比 P 点低 5 V。然后把 K_1、K_2 都接通，接通后 M 点的电位比 N 点高（　　）。

　　A．10 V　　　　　　B．5 V　　　　　　C．2.5 V　　　　　　D．0

10．电路如图 2-5 所示，电源电动势 $E_1=30$ V，$E_2=10$ V，不计内阻，电阻 $R_1=26\ \Omega$，$R_2=4\ \Omega$，$R_3=8\ \Omega$，$R_4=2\ \Omega$，电容 $C=4\ \mu F$，下列结论正确的是（　　）。

　　A．电容带电，所带电荷为 8×10^{-6} C　　　B．电容两极板之间无电位差，也不带电

　　C．电容 N 极板的电位比 M 极板高　　　　D．电容两极板电位均为零

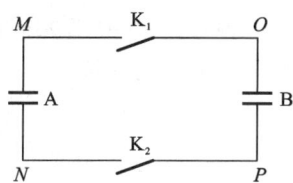

图 2-4　单项选择题 9 图　　　　　　图 2-5　单项选择题 10 图

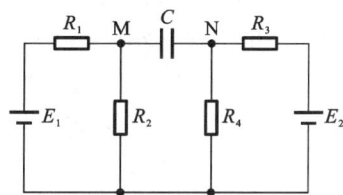

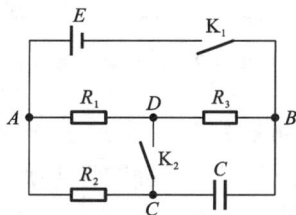

11．如图 2-6 所示，每个电容都为 $3\ \mu F$，额定工作电压都为 100 V，那么整个电容组的等效电容和额定工作电压分别为（　　）。

　　A．4.5 μF，200 V　B．4.5 μF，150 V　C．2 μF，150 V　D．2 μF，200 V

12．在图 2-7 所示电路中，$R_1=R_2=200\ \Omega$，$R_3=100\ \Omega$，$C=100\ \mu F$，K_1 接通，待电路稳定后，电容 C 中容纳一定的电荷；然后，再将 K_2 也接通，则电容 C 的电荷将（　　）。

　　A．增加　　　　　　B．减少　　　　　　C．不变　　　　　　D．无法判断

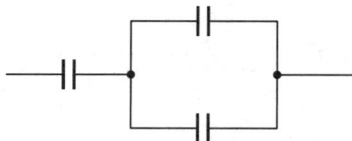

图 2-6　单项选择题 11 图　　　　　　图 2-7　单项选择题 12 图

13. 如图 2-8 所示，$R_1 = 200\ \Omega$，$R_2 = 500\ \Omega$，$C_1 = 1\ \mu F$，若 A、B 两点电位相等，则 $C_2 = ($ $)$。

    A. $2\ \mu F$ B. $5\ \mu F$

    C. $2/5\ \mu F$ D. $5/2\ \mu F$

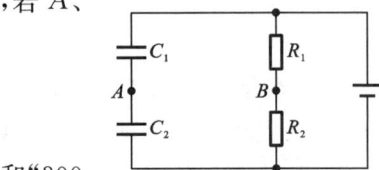

图 2-8 单项选择题 13 图

14. 两个电容 C_1 和 C_2 的规格分别为"200 pF，500 V"和"300 pF，900 V"，串联后外加 1000 V 的电压，则（   ）。

    A. C_1 击穿，C_2 不击穿   B. C_1 先击穿，C_2 后击穿

    C. C_2 先击穿，C_1 后击穿   D. C_1、C_2 均不击穿

15. 在某一电路中，需要接入一个 $16\ \mu F$、耐压 800 V 的电容，现在只有数个 $16\ \mu F$、耐压 450 V 的电容，要达到上述要求需将（   ）。

    A. 2 个 $16\ \mu F$、耐压 450 V 的电容串联后接入电路

    B. 2 个 $16\ \mu F$、耐压 450 V 的电容并联后接入电路

    C. 4 个 $16\ \mu F$、耐压 450 V 的电容先两两并联，再串联接入电路

    D. 无法达到上述要求，不能使用 $16\ \mu F$、耐压 450 V 的电容

16. 某电容 C，不带电时它的电容（   ）。

    A. 为零   B. 为 C C. 小于 C D. 大于 C

17. 平行板电容 C 与电源相连，开关闭合后，电容极板之间的电压为 U，极板上的电荷为 q。在不断开电源的条件下，把两极板之间的距离拉大一倍，则（   ）。

    A. U 不变，q 和 C 都减小一半   B. U 不变，C 减小一半，q 增大一倍

    C. q 不变，C 减小一半，U 增大一倍   D. q、U 都不变，C 减小一半

18. 电路如图 2-9 所示，电容两端的电压 $U_C = ($ $)$。

    A. 9 V   B. 0   C. 1 V   D. 10 V

19. 电路如图 2-10 所示，当 $C_1 > C_2 > C_3$ 时，它们两端的电压关系为（   ）。

    A. $U_1 = U_2 = U_3$ B. $U_1 > U_2 > U_3$

    C. $U_1 < U_2 < U_3$ D. 不能确定

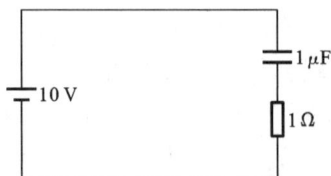

图 2-9 单项选择题 18 图

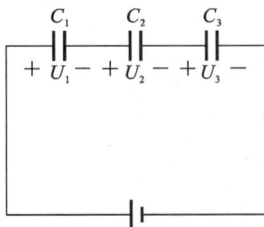

图 2-10 单项选择题 19 图

20. 电路如图 2-11 所示，两个完全相同的电容串联后，接入直流电源，待电路稳定后在 C_2 中插入云母介质，下面结果正确的是（   ）。

    A. $U_1 = U_2$，$q_1 = q_2$ B. $U_1 > U_2$，$q_1 = q_2$

    C. $U_1 < U_2$，$q_1 > q_2$ D. $U_1 = U_2$，$q_1 < q_2$

21. 电路如图 2-12 所示,已知电容 C_1 是电容 C_2 的两倍,C_1 已充电,电压为 U,C_2 未充电。如果将开关 K 合上,那么电容 C_1 两端的电压将为(　　)。

　　A. $1/2U$　　　　　　B. $1/3U$　　　　　　C. $2/3U$　　　　　　D. U

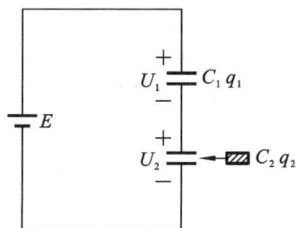

图 2-11　单项选择题 20 图　　　　　　图 2-12　单项选择题 21 图

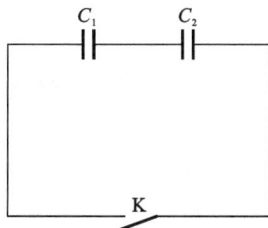

22. 关于磁力线,下列说法正确的是(　　)。

　　A. 磁力线是客观存在的有方向的曲线

　　B. 磁力线总是始于 N 极而终于 S 极

　　C. 磁力线上的箭头表示磁场方向

　　D. 磁力线上某处小磁针静止时,N 极所指方向应与该处曲线的切线方向一致

23. 如果线圈的形状、匝数和流过它的电流不变,只改变线圈中的介质,则线圈内(　　)。

　　A. 磁场强度不变,而磁感应强度变化

　　B. 磁场强度变化,而磁感应强度不变

　　C. 磁场强度和磁感应强度均不变化

　　D. 磁场强度和磁感应强度均变化

24. 下列说法正确的是(　　)。

　　A. 一段通电导体在磁场某处受到的磁场力大,则该处的磁感应强度就大

　　B. 磁力线越密,磁感应强度越大

　　C. 通电导体在磁场中受到的力为零,则该处磁感应强度为零

　　D. 在磁感应强度为 B 的强磁场中,放入一面积为 S 的线圈,则通过该线圈的磁通一定为 $\Phi = BS$

25. 在匀强磁场中,原来载流导线所受磁场力为 F,若电流减少一半,而导线的长度增加一倍,则载流导线所受的磁场力为(　　)。

　　A. $2F$　　　　　　B. F　　　　　　C. $F/2$　　　　　　D. $4F$

26. 如图 2-13 所示,磁极中间通电直导体 A 的受力方向为(　　)。

　　A. 垂直向上　　　B. 垂直向下　　　C. 水平向左　　　D. 水平向右

27. 如图 2-14 所示,处在匀强磁场中的载流导线,受到的磁场力的方向应为(　　)。

　　A. 垂直向上　　　B. 垂直向下　　　C. 水平向左　　　D. 水平向右

28. 适合制造仪表铁心的铁磁性物质是(　　)。

　　A. 硬磁性物质　　　B. 软磁性物质　　　C. 矩磁性物质　　　D. 逆磁性物质

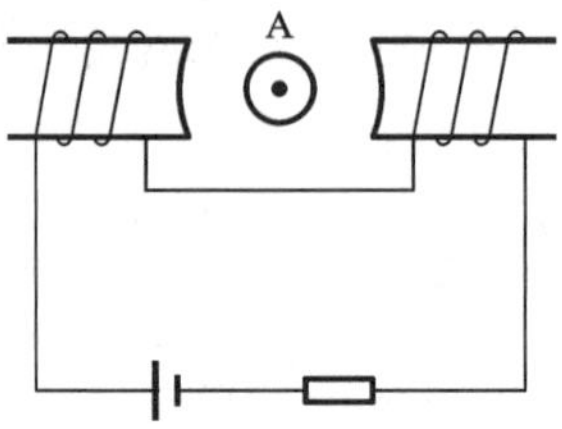

图 2-13 单项选择题 26 图

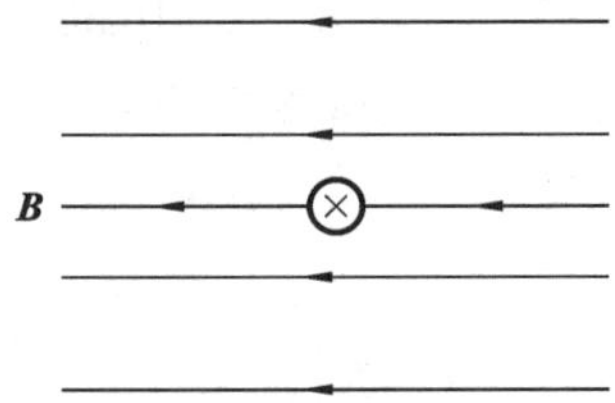

图 2-14 单项选择题 27 图

29. 相同长度、相同截面积的两段磁路,a 段为气隙,磁阻为 R_{ma},b 段为铸钢,磁阻为 R_{mb},则( )。

A. $R_{ma}=R_{mb}$

B. $R_{ma}<R_{mb}$

C. $R_{ma}>R_{mb}$

D. 条件不够,不能比较

30. 如图 2-15 所示,在研究自感现象的实验中,由于线圈 L 的作用,( )。

A. 电路接通时,电灯不会发光

B. 电路接通时,电灯不能立即达到正常亮度

C. 电路切断瞬间,电灯突然发出较强的光

D. 电路接通后,电灯发光比较暗

31. 在电磁感应现象中,下列说法正确的是( )。

A. 导体相对磁场运动,导体内就一定会产生感应电流

B. 导体作切割磁力线运动,导体内就一定会产生感应电流

C. 穿过闭合电路的磁通发生变化,电路中就一定会产生感应电流

D. 闭合电路在磁场内作切割磁力线运动,电路中就一定会产生感应电流

32. 如图 2-16 所示,A、B 是两个用细线悬着的闭合铝环,合上开关 K 的瞬间,( )。

A. A 环向右运动,B 环向左运动

B. A 环向左运动,B 环向右运动

C. A、B 环都向右运动

D. A、B 环都向左运动

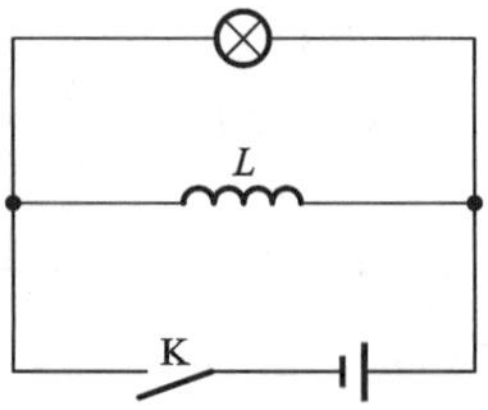

图 2-15 单项选择题 30 图

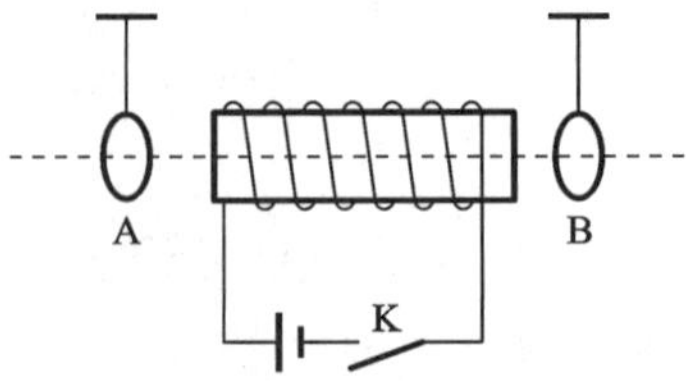

图 2-16 单项选择题 32 图

33. 如图 2-17 所示,多匝线圈的电阻和电源的内阻可忽略,两个电阻都为 R。K 断开时,电路中电流 $I_0=E/(2R)$。当闭合 K 时,使得其中一个电阻短路,于是线圈中有自感电动势产生,这个自感电动势( )。

A. 有阻碍电流增大的作用,最后电流由 I_0 减小为零

B. 有阻碍电流增大的作用,最后电流总小于 I_0

C. 有阻碍电流增大的作用,因而电流保持 I_0 不变

D. 有阻碍电流增大的作用,但电流最后还是要增大到 $2I_0$

34. 如图 2-18 所示,在匀强磁场中,两根平行的金属导轨上放置两条平行的金属导线 ab、cd,假定它们沿导轨运动的速度分别为 v_1 和 v_2,且 $v_2 > v_1$。现要使回路中产生最大的感应电流,且方向为 $a \to b$,那么 ab、cd 的运动情况应为(   )。

A. 背向运动   B. 相向运动   C. 都向右运动   D. 都向左运动

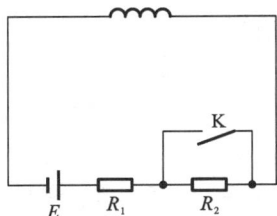

图 2-17 单项选择题 33 图

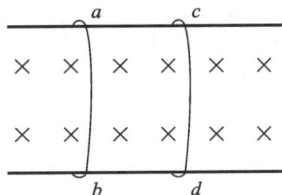

图 2-18 单项选择题 34 图

35. 在图 2-19 中,在 K 闭合瞬间,B 线圈中 a、b 电位的关系为(   )。

A. $V_a < V_b$ B. $V_a > V_b$ C. $V_a = V_b$ D. 不能确定

36. 如图 2-20 所示,闭合回路 $ABCD$ 竖直放在匀强磁场中,磁场方向垂直纸面向外,AB 段可沿导轨自由向下滑动,当 AB 段由静止开始向下滑动时,则(   )。

A. A 端电位较低,B 端电位较高

B. AB 段在重力和磁场力的作用下,最后匀速下滑

C. AB 段在磁场力的作用下,以大于 g 的加速度下滑

D. AB 段在磁场力的作用下,速度逐渐减小

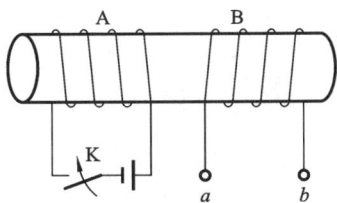

图 2-19 单项选择题 35 图

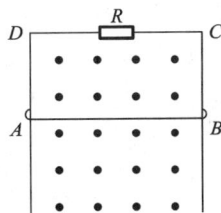

图 2-20 单项选择题 36 图

37. 如图 2-21 所示,当开关 K 打开时,电压表指针应(   )。

A. 正偏   B. 反偏   C. 不偏转   D. 不能确定

38. 长度为 l 的直导线,通以电流 I,放在磁感应强度为 B 的匀强磁场中,受到的磁场力为 F,则(   )。

A. F 一定和 I、B 都垂直,I 和 B 也一定垂直

B. I 一定和 F、B 都垂直,F 和 B 的夹角可以是 0 和 π 以外的任意角

C. B 一定和 F、I 都垂直,F 和 I 的夹角可以是 0 和 π 以外的任意角

D. **F** 一定和 **I**、**B** 都垂直，**I** 和 **B** 的夹角可以是 0 和 π 以外的任意角

39. 如图 2-22 所示，在一长直导线中通有电流 I，线框 abcd 在纸面内向右平移，线框内（　　）。

A. 没有感应电流产生   B. 产生感应电流，方向是 adcba

C. 产生感应电流，方向是 abcda   D. 不能确定

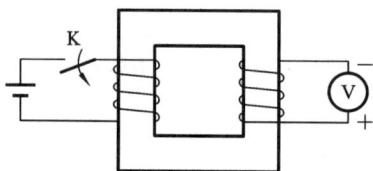

图 2-21　单项选择题 37 图

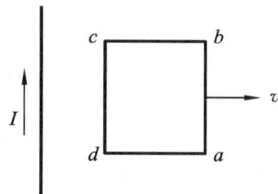

图 2-22　单项选择题 39 图

40. 如图 2-23 所示，三个线圈的同名端是（　　）。

A. 1、3、5 端子   B. 1、3、6 端子   C. 1、4、6 端子   D. 1、4、5 端子

41. 线圈电感的单位是（　　）。

A. H   B. F   C. Wb   D. T

42. 若一通电直导体在匀强磁场中受到的磁场力最大，这时通电直导体与磁力线的夹角为（　　）。

A. $0°$ B. $90°$ C. $30°$ D. $60°$

43. 两条导线互相垂直，但相隔一个小的距离，其中一条 AB 是固定的，另一条 CD 可以自由活动，若按图 2-24 所示方向给两条导线通入电流，则导线 CD 将（　　）。

A. 沿顺时针方向转动，同时靠近导线 AB

B. 沿逆时针方向转动，同时靠近导线 AB

C. 沿顺时针方向转动，同时离开导线 AB

D. 沿逆时针方向转动，同时离开导线 AB

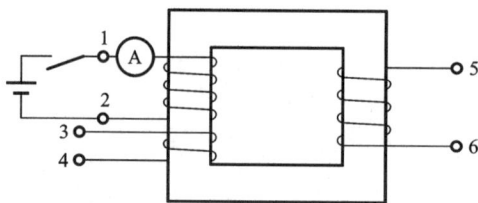

图 2-23　单项选择题 40 图

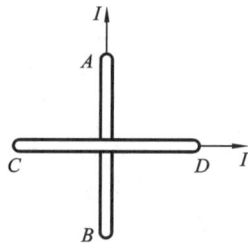

图 2-24　单项选择题 43 图

44. 平行板电容在极板面积和介质一定时，如果缩小两极板之间的距离，则电容将（　　）。

A. 增大   B. 减小   C. 不变   D. 不能确定

45. 某电容两端的电压为 40 V 时，它所带的电荷为 0.2 C，若它两端的电压降到 10 V

时,则( )。

A. 电荷保持不变　　B. 电容保持不变　　C. 电荷减少一半　　D. 电容减小

46. 一个空气介质平行板电容,充电后仍与电源保持相连,并在极板中间放入 $\varepsilon_r=2$ 的电介质,则电容所带电荷将( )。

A. 增加一倍　　　　B. 减少一半　　　　C. 保持不变　　　　D. 不能确定

47. C_1 和一个电容为 8 μF 的 C_2 并联,总电容为电容 C_1 的 3 倍,那么电容 C_1 是( )。

A. 2 μF　　　　B. 4 μF　　　　C. 6 μF　　　　D. 8 μF

48. 两个电容并联,若 $C_1=2C_2$,则 C_1、C_2 所带电荷 q_1、q_2 的关系是( )。

A. $q_1=2q_2$　　　B. $2q_1=q_2$　　　C. $q_1=q_2$　　　D. 不能确定

49. 若将单项选择题 48 中的两个电容串联,则( )。

A. $q_1=2q_2$　　　B. $2q_1=q_2$　　　C. $q_1=q_2$　　　D. 不能确定

50. 1 μF 与 2 μF 的电容串联后接入 30 V 的电源,则 1 μF 的电容的端电压为( )。

A. 10 V　　　　B. 15 V　　　　C. 20 V　　　　D. 30 V

51. 两个相同的电容并联之后的等效电容,跟它们串联之后的等效电容之比为( )。

A. 1:4　　　　B. 4:1　　　　C. 1:2　　　　D. 2:1

52. $C_1=30$ μF,耐压为 12 V;$C_2=50$ μF,耐压为 12 V,将它们串联后接入 24 V 的电源,则( )。

A. 两个电容都能正常工作　　　　B. C_1、C_2 都被击穿

C. C_1 被击穿,C_2 正常工作　　　C. C_2 被击穿,C_1 正常工作

53. 用万用表电阻挡检测大容量电容质量时,若指针偏转后回不到起始位置,而停在标度盘的某处,说明( )。

A. 电容内部短路　　　　　　B. 电容内部开路

C. 电容存在漏电现象　　　　D. 电容的电容量太小

54. 在纯电容电路中,电压与电流的相位关系是( )。

A. 电流滞后电压 90°　　　　B. 电流与电压同相位

C. 电流超前电压 90°　　　　D. 不能确定

55. 在纯电感电路中,电压的有效值不变,增大电源频率时,电路中的电流( )。

A. 增大　　　　B. 减小　　　　C. 不变　　　　D. 不能确定

56. 判定通电导线或通电线圈产生磁场的方向用( )。

A. 右手定则　　B. 右手螺旋定则　　C. 左手定则　　D. 楞次定律

57. 如图 2-25 所示,两个完全一样的环形线圈相互垂直地放置,它们的圆心位于共同点 O 点,当通以相同大小的电流时,O 点处的磁感应强度与一个线圈单独产生的磁感应强度之比是( )。

A. 2:1　　　　B. 1:1　　　　C. $\sqrt{2}$:1　　　　D. 1:$\sqrt{2}$

58. 下列与磁导率无关的物理量是( )。

A. 磁感应强度　　B. 磁通　　　C. 磁场强度　　　D. 磁阻

59. 如图 2-26 所示,直线电流与通电矩形线圈同在纸面内,线框所受磁场力的方向为（   ）。

A. 垂直向上   B. 垂直向下   C. 水平向左   D. 水平向右

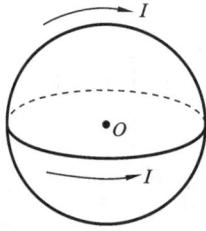

图 2-25　单项选择题 57 图

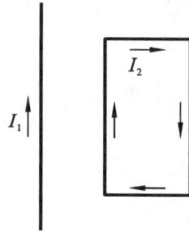

图 2-26　单项选择题 59 图

60. 在匀强磁场中,原来载流导线所受的磁场力为 F,若电流增加到原来的两倍,而导线的长度减少为原来的一半,这时载流导线所受的磁场力为（   ）。

A. F B. $F/2$ C. $2F$ D. $4F$

61. 如图 2-27 所示,处在磁场中的载流导线,受到的磁场力的方向应为（   ）。

A. 垂直向上   B. 垂直向下

C. 水平向左   D. 水平向右

62. 为减小剩磁,电磁线圈的铁心应采用（   ）。

A. 硬磁性材料   B. 非磁性材料

C. 软磁性材料   D. 矩磁性材料

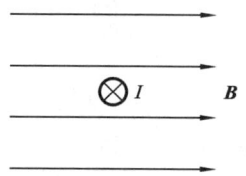

图 2-27　单项选择题 61 图

63. 下列属于电磁感应现象的是（   ）。

A. 通电直导体产生磁场   B. 通电直导体在磁场中运动

C. 变压器铁心被磁化   D. 线圈在磁场中转动发电

64. 如图 2-28 所示,若线框 $ABCD$ 中不产生感应电流,则线框一定（   ）。

A. 匀速向右运动   B. 以导线 EE' 为轴匀速转动

C. 以 BC 为轴匀速转动   D. 以 AB 为轴匀速转动

65. 如图 2-29 所示,当开关 K 打开时,电压表指针（   ）。

A. 正偏   B. 不动   C. 反偏   D. 不能确定

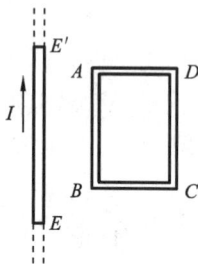

图 2-28　单项选择题 64 图

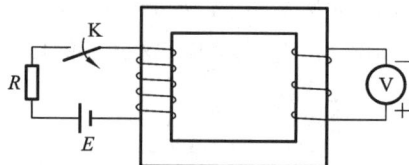

图 2-29　单项选择题 65 图

66. 法拉第电磁感应定律可以这样表述:闭合电路中感应电动势的大小(　　)。

A. 与穿过这一闭合电路的磁通变化率成正比

B. 与穿过这一闭合电路的磁通成正比

C. 与穿过这一闭合电路的磁通变化量成正比

D. 与穿过这一闭合电路的磁感应强度成正比

67. 线圈自感电动势的大小与(　　)无关。

A. 线圈的自感系数 　　　　　B. 通过线圈的电流变化率

C. 通过线圈的电流大小 　　　D. 线圈的匝数

68. 线圈中产生的自感电动势总是(　　)。

A. 与线圈内的原电流方向相同 　　B. 与线圈内的原电流方向相反

C. 阻碍线圈内原电流的变化 　　　D. 以上三种说法都不正确

69. 变压器一次绕组、二次绕组中不能改变的物理量是(　　)。

A. 电压 　　　　B. 电流 　　　　C. 阻抗 　　　　D. 频率

70. 变压器铁心的材料是(　　)。

A. 硬磁性材料 　　B. 软磁性材料 　　C. 矩磁性材料 　　D. 以上材料都可以

二、判断题

1. 电容极板上存储的电荷越多,则该电容的电容量越大。　　　　　　(　　)

2. 若加在电容两端电压的变化率越大,则通过此电容的电流就越大。　(　　)

3. 如果通过电感的电流为零,则此电感两端的电压不一定为零。　　　(　　)

4. 电容的电容量要随着它所带电荷的多少而发生变化。　　　　　　　(　　)

5. 平行板电容的电容量只与极板的正对面积和极板之间的距离有关,与其他因素均无关。　　　　　　　　　　　　　　　　　　　　　　　　　　　　(　　)

6. 几个电容串联后,接入直流电源,那么各个电容所带的电荷均相等。(　　)

7. 将"10 μF,50 V"和"5 μF,50 V"的两个电容串联,那么电容组的额定工作电压应为100 V。　　　　　　　　　　　　　　　　　　　　　　　　　　　　　(　　)

8. 在判断题 7 中,若将这两个电容并联,那么电容组的额定工作电压仍为 50 V。(　　)

9. 电容本身只进行能量交换,并不消耗能量,所以说电容是一个储能元件。(　　)

10. 可以用万用表电阻挡的任何一个倍率来检测较大电容的质量。　　(　　)

11. 在检测较大电容的质量时,当万用表的表笔分别与电容的两端接触时,发现指针根本不偏转,说明电容内部已短路。　　　　　　　　　　　　　　　　　(　　)

12. 两个电容,一个电容量较大,另一个电容量较小,如果它们所带的电荷一样,那么电容量较大的电容两端的电压一定比电容量较小的电容两端的电压高。　(　　)

13. 在判断题 12 中,如果这两个电容两端的电压相等,那么电容量较大的电容所带的电荷一定比电容量较小的电容所带的电荷多。　　　　　　　　　　　(　　)

14. 在均匀无穷大介质中,磁场强度的数值不仅与电流的大小和导体的形状有关,还与介质的性质有关。　　　　　　　　　　　　　　　　　　　　　　　(　　)

15. 两根靠得很近且相互平行的直导线,若通以相反方向的电流,则它们互相吸引。（　　）

16. 通电螺线管的磁力线分布与条形磁铁相同,在管内无磁场。（　　）

17. 通电线圈在磁场中的受力方向,既可以用左手定则判断,也可以用安培定则判断。
（　　）

18. 磁力线的方向总是从 N 极指向 S 极。（　　）

19. 磁导率是一个用来表示介质磁性能的物理量,不同的物质有不同的磁导率。（　　）

20. 通电导线在磁场中某处受到的磁场力为零,则该处的磁感应强度一定为零。（　　）

21. 为了清除铁磁材料的剩磁,可以在原线圈中通以适当的反向电流。（　　）

22. 只要导线在磁场中运动,导线中就一定能产生感应电动势。（　　）

23. 感应电流产生的磁场方向总是与原磁场的方向相反。（　　）

24. 若螺旋管线圈的匝数为 40 匝,其电感为 1.2 mH,若匝数改为 60 匝,其他条件不变,
这时电感为 1.8 mH。（　　）

25. 由自感系数定义式 $L＝\Psi/I$ 可知:空心线圈中通过的电流越小,自感系数 L 就越大。
（　　）

26. 互感电动势的方向与线圈的绕向是有关的。（　　）

27. 线圈中感应电动势的大小与穿过线圈的磁通的变化成正比,这个规律称为法拉第电
磁感应定律。（　　）

28. 在同一变化磁通的作用下,感应电动势极性相同的端子称为同名端。（　　）

29. 线圈的铁心不是整块金属,而是由许多薄硅钢片叠压而成,这是为了节约金属材料。
（　　）

30. 平行板电容的电容量与外加电压的大小是无关的。（　　）

31. 电容必须在电路中使用才会带有电荷,故此时才会有电容量。（　　）

32. 若干个不同电容量的电容并联,各电容所带电荷均相等。（　　）

33. 电容量不相等的电容串联后接入电源,每个电容两端的电压与它本身的电容量成反
比。（　　）

34. 电容串联后,其耐压总是大于其中任意电容的耐压。（　　）

35. 电容串联后,其等效电容总是小于任一电容的电容量。（　　）

36. 若干个电容串联,电容量越小的电容所带的电荷也越少。（　　）

37. 两个 10 μF 的电容,耐压分别为 10 V 和 20 V,则串联后总的耐压为 30 V。（　　）

38. 电容充电时,电流与电压的方向一致;电容放电时,电流与电压的方向相反。（　　）

39. 电容量大的电容存储的电场能量一定多。（　　）

40. 电容是储能元件,电阻是耗能元件。（　　）

41. 在一个电容中插入一根金属棒,则电容量将增大。（　　）

42. 电容串联得越多,则总电容会越小,而且总要小于参与串联的电容的最小容量。（　　）

43. 磁体上的两个极,一个称为 N 极,另一个称为 S 极,若把磁体截成两段,则一段为 N
极,另一段为 S 极。（　　）

44. 如果通过某一截面的磁通为零,则该截面处的磁感应强度一定为零。　　　（　　）

45. 通电导体周围的磁感应强度只取决于电流的大小及导体的形状,而与介质的性质无关。　　　（　　）

46. 在均匀磁介质中,磁场强度的大小与介质的性质无关。　　　（　　）

47. 通电导线在磁场中某处受到的力为零,则该处的磁感应强度一定为零。　　　（　　）

48. 两根靠得很近的平行直导线,若通以相同方向的电流,则它们互相吸引。　　　（　　）

49. 适合制成永久磁铁的铁磁性物质是硬磁性物质。　　　（　　）

50. 铁磁性物质在反复交变磁化过程中,H 的变化总是滞后于 B 的变化,称为磁滞现象。　　　（　　）

51. 导体在磁场中运动时,总是能够产生感应电动势。　　　（　　）

52. 线圈中只要有磁场存在,就必定会产生电磁感应现象。　　　（　　）

53. 感应电流产生的磁通方向总是与原来的磁通方向相反。　　　（　　）

54. 线圈中电流变化越快,则其自感系数就越大。　　　（　　）

55. 自感电动势的大小与线圈本身的电流变化率成正比。　　　（　　）

56. 当结构一定时,铁心线圈的电感是一个常数。　　　（　　）

57. 在电路中所需的各种电压,都可以通过变压器变换获得。　　　（　　）

58. 同一台变压器中,匝数少、线径粗的是高压绕组;而匝数多、线径细的是低压绕组。　　　（　　）

59. 变压器可以改变各种电源的电压。　　　（　　）

60. 一个降压变压器只要将一次绕组、二次绕组对调就可以作为升压变压器使用了。　　　（　　）

三、填空题

1. 实际电容上一般会标出＿＿＿＿＿＿和＿＿＿＿＿＿这两个参数。

2. 电容和电感都是储能元件,电容能存储＿＿＿＿＿＿能量,所存储的能量与＿＿＿＿＿和＿＿＿＿＿＿有关;电感能存储＿＿＿＿＿＿能量,所存储的能量与＿＿＿＿＿＿和＿＿＿＿＿＿有关。

3. 电容和电感都具有记忆功能,电感的＿＿＿＿＿＿具有记忆＿＿＿＿＿＿的作用;电容的＿＿＿＿＿＿具有记忆＿＿＿＿＿＿的作用。

4. 电压源的特性是保持＿＿＿＿＿＿恒定而＿＿＿＿＿＿需由外电路决定。电流源的特性是保持＿＿＿＿＿＿恒定而＿＿＿＿＿＿需由外电路决定。

5. 一个理想电压源与一个理想电流源串联,对外可等效为＿＿＿＿＿＿;一个理想电压源与一个理想电流源并联,对外可等效为＿＿＿＿＿＿。

6. 有 5 个 10 V、30 μF 的电容,如果它们串联,则等效电容为＿＿＿＿＿＿,耐压为＿＿＿＿＿＿;如果它们并联,则等效电容为＿＿＿＿＿＿,耐压为＿＿＿＿＿＿。

7. 平行板电容所带电荷为 2×10^{-8} C,两极板之间的电压为 2 V,则该电容的电容量等于＿＿＿＿＿＿;若两极板电荷减为原来的一半,则电容的电容量为＿＿＿＿＿＿,两极间的电压为_____。

8. 有一个电容为 50 μF 的电容,接入直流电源,对它进行充电,这时它的电容_____；在充电结束后,对它进行放电,这时它的电容_____；当它不带电时,它的电容为_____。

9. 有两个电容,电容量分别为 10 μF 和 20 μF,它们的额定工作电压分别为 25 V 和 15 V,现将它们并联后接入 10 V 的直流电源,则它们存储的电荷分别为_____和_____；此时等效电容为_____；该并联电路允许加的最大工作电压为_____。

10. 将填空题 9 中的两个电容串联,再接入 30 V 的直流电源,则它们存储的电荷分别为_____和_____；此时等效电容为_____；该串联电路允许加的最大工作电压为_____。

11. 在图 2-30 所示电路中,电源电动势为 E,不计内阻,C 是一个电容量很大的未充电的电容。

(1) 当 K 合向 1 时,电源向电容充电,这时看到电灯 EL 开始_____,然后逐渐_____。从电流表 A_1 上看到充电电流在_____,而从电压表 V 上可看到读数在_____。经过一段时间后,电流表 A_2 的读数为_____,电压表 V 的读数为_____。

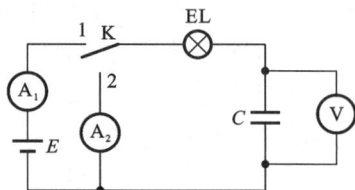

图 2-30   填空题 11 图

(2) 在电容充电结束后,把 K 从 1 合向 2,电容便开始放电。这时看到电灯 EL 开始_____,然后逐渐_____。从电流表 A_2 上可看到放电电流_____,从电压表 V 上可看到读数_____。经过一段时间后,电流表 A_2 的读数为_____,电压表 V 的读数为_____。

12. 将 50 μF 的电容充电到 100 V,这时电容存储的电场能量为_____。若将该电容继续充电到 200 V,则电容内又增加了_____电场能量。

13. 有一个电容量为 50 μF 的电容,通过电阻 R 放电。放电过程中,电阻吸收的能量为 5 J,这个过程中的最大电流为 0.5 A,电容未放电前所存储的电场能量为_____,刚放电时电容两端的电压为_____,电阻 R 为_____。

14. 有两个电容的电容量分别为 C_1 和 C_2,其中 $C_1 > C_2$,如果加在两个电容上的电压相等,则电容量为_____的电容所带的电荷多；如果两个电容所带的电荷相等,则电容为_____的电压高。

15. 电路如图 2-31 所示,平行板电容 C_1 和 C_2 串联后接入直流电源。若将电容 C_2 的两极板之间的距离增大,则 C_1、C_2 所带的电荷将_____,C_1 两端的电压将_____,C_2 两端的电压将_____。

16. 如图 2-32 所示,当 K 断开时,A、B 两端的等效电容为_____；当 K 闭合时,A、B 两端的等效电容为_____。

17. 现有两个电容,其规格分别为"2 μF,160 V"和"10 μF,250 V",它们串联后的耐压为_____,并联后的耐压为_____。

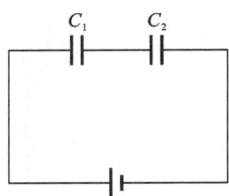

图 2-31　填空题 15 图

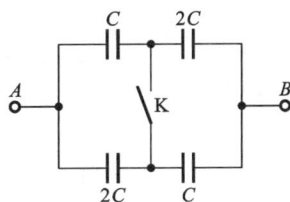

图 2-32　填空题 16 图

18. 平行板电容的电容量为 C,充电到电压为 U 后断开电源,然后把两极板之间的距离由 d 增大到 $2d$,则电容的电容量变为_____,这时所带的电荷为_____,两极板之间的电压为_____。

19. 一个电容,外加电压为 10 V 时,极板电荷为 $4×10^{-5}$ C,则该电容的电容量为_____,两极板之间电场能量为_____,若外加电压升高为 20 V,此时电容量为_____,极板电荷为_____,两极板之间电场能量增加了_____。

20. 如果环形线圈的匝数和流过它的电流不变,只改变线圈中的介质,则线圈内磁场强度将_____,而磁感应强度将_____。

21. 所谓磁滞现象,就是_____的变化总是落后于_____的变化;所谓剩磁现象,就是当_____为零时,_____不等于零。

22. 载流直导体与磁场平行时,导体所受磁场力为_____;载流直导体与磁场垂直时,导体所受磁场力为_____。

23. 如图 2-33 所示,长为 10 cm 的导线 ab,通有 3 A 电流,电流方向为从 a 到 b。将导线 ab 沿垂直磁力线方向放在匀强磁场中,测得 ab 所受磁场力为 0.15 N,则该区域的磁感应强度为_____,磁场对导线 ab 作用力的方向为_____。若导线 ab 中的电流为零,那么该区域的磁感应强度为_____。

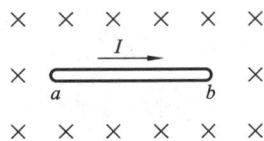

图 2-33　填空题 23 图

24. 已知在电工钢中,磁感应强度 $B=0.14$ T,磁场强度 $H=5$ A/m,则其相对磁导率 $\mu=$_____。

25. 在两根相互平行的直导线中,若通以相反方向的电流,则_____;若通以相同方向的电流,则_____。

26. 当通电线圈平面与磁力线垂直时,线圈受到的力矩为_____;当通电线圈平面与磁力线平行时,线圈受到的力矩为_____。

27. 剩磁越大的铁磁性物质,_____就越大。因此,_____的形状常被用来判断铁磁性物质的性质和作为选择材料的依据。

28. 有两根相互平行的长直导线 A、B,其中 A 通有稳恒电流,B 是闭合电路的一部分,当它们互相靠近时,B 中产生的感应电流方向与 A 中的电流方向_____;当它们互相远离时,B 中产生的感应电流方向与 A 中的电流方向_____。

29. 如图 2-34 所示,如果不计线圈的电阻,分析在下述四种情况下,C、D 两点电位的高、低。

(1) K 未接通时,_____;

(2) K 闭合的瞬间,_____;

(3) K 闭合后,_____;

(4) K 断开的瞬间,_____。

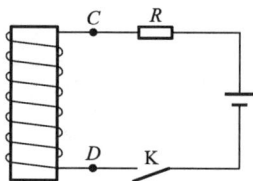

图 2-34 填空题 29 图

30. 在图 2-35 所示的螺线管中,放有一个条形磁铁,磁极已在图中标出。当磁铁突然向左抽出时,A 点的电位比 B 点的电位_____;当磁铁突然向右抽出时,A 点的电位比 B 点的电位_____。

31. 一个线圈铁心的截面积为 $2.5\ cm^2$,线圈的匝数为 2000 匝。当线圈中电流由零增至 2 A 时,线圈从外电路共吸收能量 0.4 J,那么,该线圈的电感为_____,通过线圈的磁通为_____,线圈中的磁感应强度为_____。

32. 图 2-36 所示的绕向为 A、B、C 三个线圈在铁心上的绕向,那么,可以确定端子_____(或端子_____)为同名端。

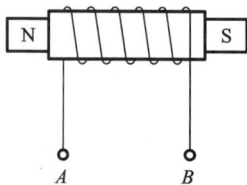

图 2-35 填空题 30 图

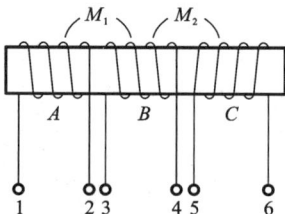

图 2-36 填空题 32 图

33. 两个相互靠近的线圈,若甲线圈中电流的变化率为 100 A/s,在乙线圈中引起 0.5 V 的互感电动势,那么两线圈间的互感系数为_____。若甲线圈中的电流为 10 A,那么甲线圈产生与乙线圈交链的磁通链为_____。

34. 自感线圈的截面积为 $20\ cm^2$,共 1000 匝通入图 2-37 所示的电流,在前 2 s 内产生的感应电动势为 1 V,则线圈的自感系数为_____,第 1 s 末线圈内部的磁感应强度为_____,第 3 s 和第 4 s 内线圈的自感电动势分别为_____和_____,第 5 s 内线圈中的自感电动势为_____。

35. 若使图 2-38 中开关 K 闭合瞬间线圈 B 中感应电动势的方向由 3 端指向 4 端,那么电源正极应与_____端相连。

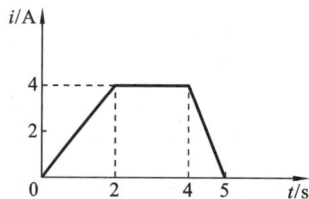

图 2-37 填空题 34 图

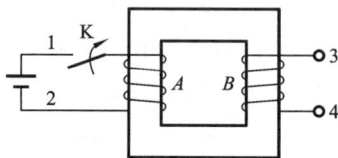

图 2-38 填空题 35 图

36. 载流直导线长度为 0.2 m,通过的电流为 3 A,匀强磁场的磁感应强度为 0.5 T,方向如图 2-39 所示,则载流直导线所受磁场力的大小为_____。当载流直导线放在图 2-39 中虚线所示位置时,所受磁场力大小为_____。

37. 如图 2-40 所示,长度为 1 m、质量为 0.2 kg 的金属杆 ab 被沿垂直方向的金属丝静止悬于磁感应强度 **B**=0.5 T,方向垂直纸面向里的匀强磁场中,要使金属线中的张力为零,通过金属杆 ab 的电流方向应为_____,电流大小应为_____。

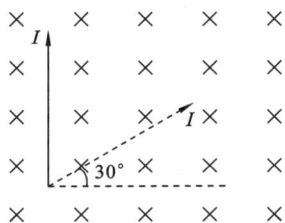

图 2-39 填空题 36 图

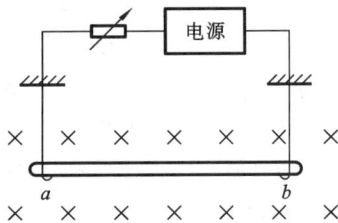

图 2-40 填空题 37 图

38. 电感为 100 mH 的线圈,通入变化规律如图 2-41 所示的电流。

(1) 在从开始到第 2 s 的时间内,线圈中自感电动势的大小为_____,方向为_____;

(2) 在第 2 s 到第 4 s 的时间内,线圈中自感电动势的大小为_____;

(3) 在第 4 s 到第 5 s 的时间内,线圈中自感电动势的大小为_____,方向为_____。

39. 如图 2-42 所示,导线 ab 在匀强磁场中,以 a 端为圆心按逆时针方向匀速转动。已知 ab 长 20 cm,转动角速度 ω=10 rad/s,匀强磁场的磁感应强度 **B**=2 T,其方向垂直纸面向里,则 a、b 间的电位差为_____,a、b 两端中_____端的电位高。若导线 ab 在匀强磁场中绕 ab 中点匀速转动,则 a、b 两端中_____端的电位高。

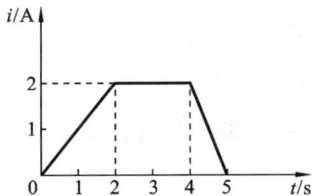

图 2-41 填空题 38 图

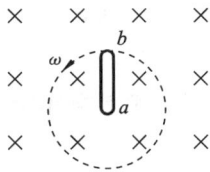

图 2-42 填空题 39 图

40. 在匝数为 1500 匝的环形线圈中通以 0.9 A 的电流,测出其中的磁感应强度为 0.9 T,圆环的截面积为 2 cm²,那么,环形线圈中的磁通为_____,线圈的自感系数为_____,存储在线圈中的磁场能量为_____。

41. 感应电流的方向总是要使_____的变化,这就是楞次定律,即当线圈中磁通增加时,感应电流的磁场方向与原磁场方向_____;当线圈中磁通减少时,感应电流的磁场方向与原磁场方向_____。

42. 如图 2-43 所示,导体 AB 沿导轨向右进行匀加速运动时,导体 AB 中的感应电流方向为_____;CD 导线中感应电流的方向为_____;CD 导线在 EF 直线电流磁场中所受磁场力的方向为_____。

43. 已知某个电容,外加电压 $U=20$ V,测得 $q=4\times10^{-8}$ C,则电容 $C=$ _____;若外加电压升高为 40 V,这时所带电荷为_____。

44. 以空气为介质的平行板电容,若增大两极板的正对面积,则电容量将_____;若增大两极板之间的距离,则电容量将_____;若插入某种介质,则电容量将_____。

45. 有两个空气介质平行板电容 C_1 和 C_2,若两极板正对面积之比为 3∶2,两极板之间的距离之比为 3∶1,则它们的电容量之比为_____。若 C_1 为 6 μF,则 C_2 _____μF。

46. 有两个电容,$C_1=20$ μF,耐压为 100 V;$C_2=30$ μF,耐压为 100 V,串联后接入 160 V 电源,C_1、C_2 两端电压分别为_____ V、_____ V,等效电容为_____ F。

47. 在图 2-44 所示电路中,$C_1=0.2$ μF,$C_2=0.3$ μF,$C_3=0.8$ μF,$C_4=0.2$ μF,当开关 K 断开时,A、B 两点间的等效电容为_____μF;当开关 K 闭合时,A、B 两点间的等效电容为_____μF。

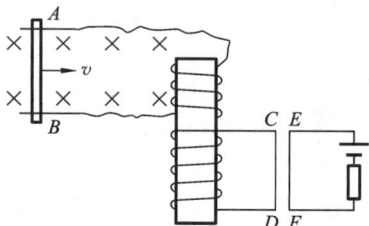

图 2-43　填空题 42 图

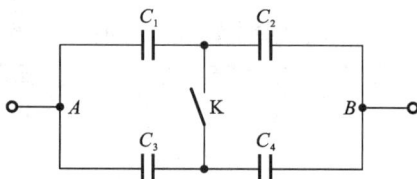

图 2-44　填空题 47 图

48. 电容在充电过程中,充电电流逐渐_____,而两端电压逐渐_____;在放电过程中,放电电流逐渐_____,而两端电压逐渐_____。

49. 当电容极板上所存储的电荷发生变化时,电路中就有_____流过;若电容极板上所存储的电荷_____,则电路中就没有电流流过。

50. 电容和电阻都是电路中的基本元件,但它们在电路中的作用是不同的。从能量上来看,电容是一种_____元件,而电阻则是_____元件。

51. 在图 2-45 所示电路中,$U=10$ V,$R_1=40$ Ω,$R_2=60$ Ω,$C=0.5$ μF,则电容极板上所带电荷为_____,电容存储的电场能量为_____。

52. 以空气为介质的平行板电容,若增大电容极板的正对面积,则电容量将_____;若插入某种电介质,则电容量将_____;若缩小两极板之间的距离,则电容量将_____。

53. 有 5 个 10 V、50 μF 的电容,若将它们串联,则等效电容为_____;耐压为_____,若将它们并联,则等效电容为_____,耐压为_____。

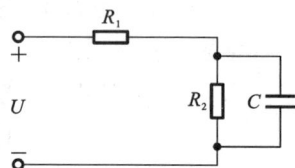

图 2-45　填空题 51 图

54. 将"6 μF,30 V"和"3 μF,30 V"的两个电容并联后,并联电容组在额定电压下工作,"6 μF,30 V"的电容的电荷为_____ C。

55. 磁场与电场一样,是一种_____,具有_____和_____的性质。

56. 磁力线的方向:在磁体外部,由_____指向_____;在磁体内部,由_____指向_____。

57. 如果在磁场中每点的磁感应强度大小_____,方向_____,这种磁场称为匀强磁场。在匀强磁场中,磁力线是一组_____。

58. 描述磁场的四个主要物理量分别为_____、_____、_____和_____;它们的符号分别为_____、_____、_____和_____;它们的国际单位分别为_____、_____、_____和_____。

59. 在图 2-46 中,当电流通过导线时,导线下面的磁针 N 极转向读者,则导线中的电流方向为_____。

60. 在图 2-47 中,电源左端应为_____极,电源右端应为_____极。

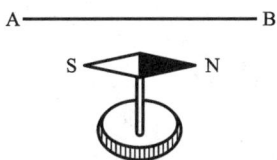

图 2-46 填空题 59 图   图 2-47 填空题 60 图

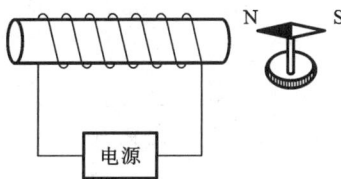

61. 磁场间相互作用的规律是同名磁极相互_____,异名磁极相互_____。

62. 载流导线与磁场平行时,导线所受磁场力为_____;载流导线与磁场垂直时,导线所受磁场力为_____。

63. 由于线圈自身_____而产生的_____现象称为自感现象。线圈的_____与_____的比值,称为线圈的电感。

64. 线圈的电感是由线圈本身的特性决定的,即与线圈的_____、_____和介质的_____有关,而与线圈是否有电流或电流的大小_____。

65. 荧光灯电路主要由_____、_____和_____组成。镇流器的作用是:荧光灯正常发光时,起_____作用;荧光灯点亮时,产生_____。

66. 空心线圈的电感是线性的,而铁心线圈的电感是_____,其电感大小随电流的变化而_____。

67. 在同一变化磁通的作用下,感应电动势极性_____的端点称为同名端;感应电动势极性_____的端点称为异名端。

68. 电阻是_____元件,电感和电容都是_____元件,线圈的_____反映了存储磁场能量的能力。

69. 线圈的铁心不是整块金属,而是由涂有绝缘漆的_____叠压制成的,这是为了减少_____损失。

70. 变压器主要由_____和_____两部分组成。

71. 变压器工作时与电源相连的绕组称为_____,与负载相连的绕组称为_____。

72. 铁心构成变压器的_____通道。铁心多用彼此绝缘的硅钢片叠压而成,目的是减少_____和_____。

73. 变压器油在变压器中起_____和_____作用。

74. 变压器有变换_____、_____和_____的作用。

75. 变压器一次绕组、二次绕组的电压之比与它们的匝数成_____,其公式为_____;变压器一次绕组、二次绕组的电流之比与它们的匝数成_____,其公式为_____。

76. 有一个单相变压器,一次侧电压为 2200 V,变压比为 10,则二次侧电压为_____V。

77. 一个变压器接入 220 V 的交流电源,一次绕组的匝数为 1100 匝,若要在二次绕组上得到 6 V 的电压,则二次绕组的匝数应为_____,若二次绕组上接入 2 Ω 的电阻,则一次绕组中的电流为_____。

78. 变压器是根据_____原理工作的,其基本结构是由_____和_____组成。变压器除了可以改变交流电压外,还可以改变_____和_____。

79. 有一个理想变压器,一次绕组匝数为 1500 匝,接入电压为 220 V 的交流电源,允许通过的最大电流为 1.2 A。二次绕组匝数为 300 匝,和电阻为 88 Ω 的电灯相连接,当接入一个电灯时,通过一次绕组的电流为_____,该变压器的一次绕组最多可接入_____个这样的电灯。

80. 有一个理想变压器,一次绕组、二次绕组的匝数之比为 4:3,二次绕组负载电阻 $R=100\ \Omega$,一次绕组所接交流电压为 $u=40\sin(314t)$,二次绕组输出电压的周期 $T=$_____,负载电阻 R 上的发热功率 $P=$_____。

81. 一个理想变压器一次绕组的输入电压为 220 V,二次绕组的输出电压为 20 V。如果二次绕组增加 100 匝,则输出电压就增加到 25 V,由此可知一次绕组的匝数为_____。如果调整二次绕组的负载可使得二次绕组在匝数变动前后的电流保持不变,则一次绕组的前后两次输入功率之比等于_____(输入电压保持一定)。

82. 铁心是变压器的_____通道。铁心多用彼此绝缘的硅钢片叠成,目的是减小_____和_____。

四、问答题与计算题

1. 波形如图 2-48 所示的电压分别加在 $R=1\ \Omega$ 的电阻和 $C=1$ F 的电容上。

(1) 试求通过它们的电流(设电压与电流关联);

(2) 请画出波形图。

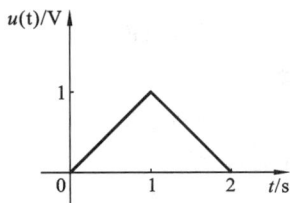

图 2-48　问答题与计算题 1 图

2. 如图 2-49(a)所示电路,电流源 $i_s(t)$ 的波形如图 2-49(b)所示,设电容初始电压 $u_C(0)$ $=0$,试求电容电压 $u_C(t)$ 及 $t=1$ s 时电容存储的能量。

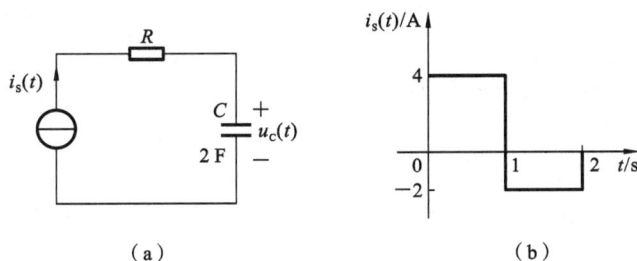

(a)   (b)

图 2-49 问答题与计算题 2 图

3. 求如图 2-50 所示电路的等效电容 C_{ab}。

4. 求如图 2-51 所示电路的等效电感 L_{ab}。

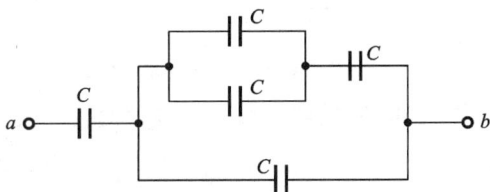

图 2-50 问答题与计算题 3 图   **图 2-51** 问答题与计算题 4 图

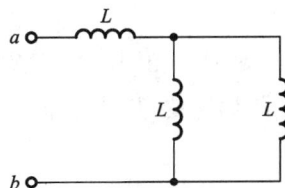

5. 在图 2-52 所示电路中,已知电容电压 $u_C(t)=5t$ V,求端口电流 $i(t)$。

6. 在图 2-53 所示电路中,已知电感电流 $i_L(t)=3t$ A,求端口电流 $i(t)$。

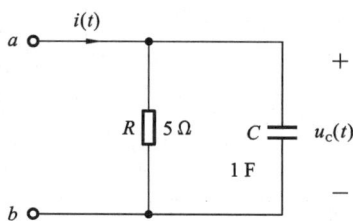

图 2-52　问答题与计算题 5 图

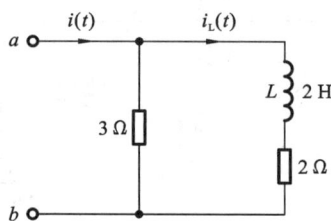

图 2-53　问答题与计算题 6 图

7. 将图 2-54 所示各二端网络等效为最简形式。

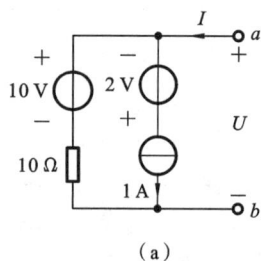

（a）

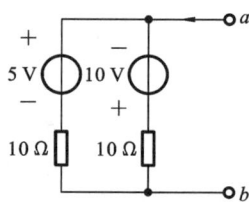

（b）

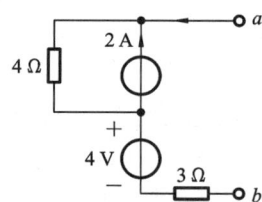

（c）

图 2-54　问答题与计算题 7 图

8. 三块面积相同的金属板 A、B、C 平行放置在空气中,A、B 之间相距 d,B、C 之间相距 $2d$,A、C 两板接地,且使 B 带正电,如图 2-55 所示,求 A、C 两板所带电荷之比。

9. 电路如图 2-56 所示,以空气为介质的电容的电容量分别为 $C_1=100$ pF,$C_2=200$ pF,

$C_3=120$ pF,电源电动势 $E=30$ V,不计内阻。

(1) 将开关 K_1 接通(K_2 断开),电容 C_1、C_2 两极间电压及所带的电荷各是多少?

(2) 将开关 K_1 断开,把相对介电常数 $\varepsilon_r=2$ 的电介质充满电容 C_2 的两极板之间,A、B 两点之间的电压为多少?

(3) 将 K_2 接通,A、B 两点之间的电压为多少?电容 C_1 所带电荷为多少?

_____
_____
_____
_____

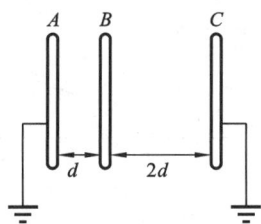

图 2-55　问答题与计算题 8 图

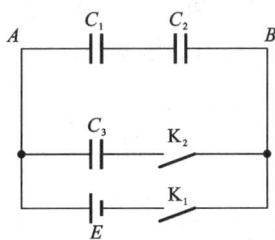

图 2-56　问答题与计算题 9 图

10. 电容 A 和 B 的电容量分别为 $C_A=3$ μF,$C_B=2$ mF,分别充电到 $U_A=30$ V,$U_B=20$ V,然后,用导线把它们连接起来。

(1) 如图 2-57(a)所示,求同性极相连时迁移的电荷。

(2) 如图 2-57(b)所示,求异性极相连时迁移的电荷。

_____
_____
_____
_____

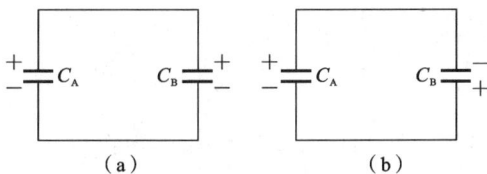

图 2-57　问答题与计算题 10 图

11. 有一个空气介质的可变电容,由 12 片动片和 11 片定片组成,每片的面积为 7 cm²,相邻动片与定片的距离为 0.38 mm,求此电容的最大电容量。

_____
_____
_____

12. 空气平行板电容的一个极板的面积为 0.03 m^2，两极板之间的距离为 0.5 cm，电容内存储的电荷为 1×10^{-8} C。

(1) 两极板之间的电位差为多少？

(2) 若两极板之间填以相对介电常数为 4 的某种介质，电位差又为多少？

_____

_____

_____

13. 有一个电容在带了电荷 q 后，两极板之间的电压为 U，现在要使它的电荷增加 4×10^{-4} C，两极板之间的电压就增加了 20 V，求这个电容的电容量。

_____

_____

_____

14. 某个电容所带电荷为 1×10^{-5} C，两极板之间的电压为 200 V，如果其他条件不变，只将电荷增加 1×10^{-6} C，则两极板之间的电压将变为多少？在这个过程中，电容的电容量有没有变化？等于多少？

_____

_____

_____

15. 一个空气平行板电容，给它充电至 200 V。现在把它浸在某电介质中，则电位差降为 2.5 V，求该电介质的相对介电常数。

_____

_____

_____

16. 在图 2-58 所示电路中，$C_1 = 20$ μF，$C_2 = 5$ μF，电源电压 $U = 500$ V，先将开关 K 扳到 A 点，对 C_1 充电，然后再将 K 扳到 B 点。

(1) 在 C_1 与 C_2 连接后，两极板之间的电压为多少？

(2) 每个电容所带的电荷各为多少？

_____

_____

_____

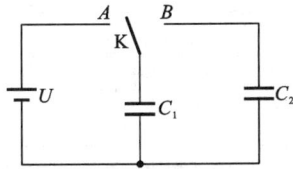

图 2-58　问答题与计算题 16 图

17. 有两个电容，$C_1 = 20\ \mu F$，$C_2 = 10\ \mu F$，分别按图 2-59(a)、图 2-59(b)所示进行连接，C_1 的充电电压为 $U = 30\ V$。在开关 K 与 C_2 接通前后，分别求出 C_1 上电荷的变化。

18. 将两个带有相等电荷，电容分别为 $3\ \mu F$ 和 $2\ \mu F$ 的电容进行并联，其电位差为 $100\ V$。
(1) 求并联以前每个电容的电荷；
(2) 求并联以后每个电容的电荷。

19. 电路如图 2-60 所示，已知 $C_1 = 10\ \mu F$，$C_2 = 20\ \mu F$，$C_3 = 20\ \mu F$。
(1) 求电路两端的等效电容。
(2) 当电路的端电压 $U = 100\ V$ 时，求各电容上的电压。

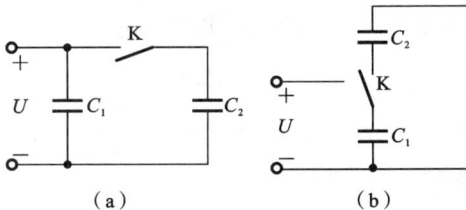

(a)　　　　　　(b)

图 2-59　问答题与计算题 17 图

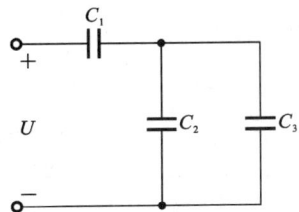

图 2-60　问答题与计算题 19 图

20. 有两个电容，并联时总电容为 $20\ \mu F$，串联时总电容为 $4.8\ \mu F$，求每个电容的电容量。

21. 一位同学做下述实验:取一个两极板可移动的空气平行板电容,将两极板与静电计相连,用起电机为电容充电后,将起电机移开。

(1) 使两极板靠拢,求此时静电计指针张开的角度。

(2) 保持两极板之间的距离不变,使两极板的正对面积减小,求此时静电计指针张开的角度。

(3) 保持两极板之间的距离和正对面积都不变,而将一个玻璃板插入两极板中间,求此时静电计指针张开的角度。

(4) 根据这些实验结果,由平行板电容的电容量与两极板之间的距离、正对面积和两极板之间的电介质的关系可以得出怎样的结论?

22. 某人做实验时,第一次需要耐压为 50 V、电容量为 10 μF 的电容,第二次需要耐压为 10 V、电容量为 200 μF 的电容,第三次需要耐压为 20 V、电容量为 50 μF 的电容。如果当时他手中只有若干耐压为 10 V、电容量为 50 μF 的电容,那么他怎样做才能满足实验要求?

23. 平行板电容的极板面积为 100 cm^2,两极板之间的介质为空气,两极板之间的距离为 5 mm,现将电压为 120 V 的直流电源接在电容的两端。

(1) 求该平行板电容的电容量及所带的电荷。

(2) 若将上述电容的两极板浸入相对介电常数为 2.2 的油中,求此时电容的电容量。

24. 有人说,因为 $C=q/U$,所以 C 与 q 成正比,与 U 成反比,这种说法对吗?为什么?

25. 电路如图 2-61 所示,已知电源电动势 $E=4$ V,不计内阻,外电路电阻 $R_1=3$ Ω,$R_2=1$ Ω,电容 $C_1=2$ μF,$C_2=1$ μF,求:

(1) R_1 两端的电压;

(2) C_1、C_2 所带的电荷;

(3) C_1、C_2 两端的电压。

_____

_____

_____

_____

26. 在图 2-62 所示的电路中,已知 $E=18$ V,$R_1=3$ kΩ,$R_2=6$ kΩ,$R_3=2$ kΩ,$C_1=2$ μF,$C_2=4$ μF,各电容原来均没有储能,试求下列两种情况下,各电容的端电压和存储的电场能量。

(1) K 与 1 相接,且电路稳定。

(2) 将 K 扳至 2,且电路稳定。

_____

_____

_____

_____

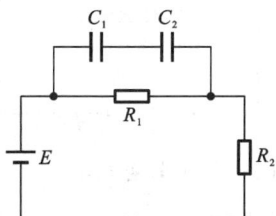

图 2-61 问答题与计算题 25 图　　　　　**图 2-62** 问答题与计算题 26 图

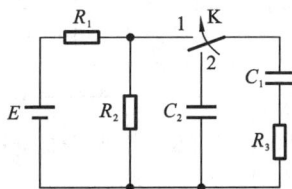

27. 画出软磁材料、硬磁材料的磁滞回线,并说明它们的特点和应用。

_____

_____

_____

28. 有甲、乙两位同学,各自在一个铁棒上缠绕一些导电线圈以制成电磁铁。通电时电流都是从右端流入,从左端流出。但甲同学制成的电磁铁,左端是 N 极,右端是 S 极;而乙同学制成的电磁铁恰好左端是 S 极,右端是 N 极。那么,他们分别是怎样缠绕导线的? 用简图表示。

_____

29. 欲使图 2-63 中通电导线在电磁力的作用下向上运动,应如何连接电源? 请在图中画出。

30. 矩形线圈 abcd 通以电流,方向如图 2-64 所示。为使线圈按图示方向转动,电磁铁上的线圈哪端(A 或 B)接在直流电源的正极上? 哪端接在直流电流的负极上?

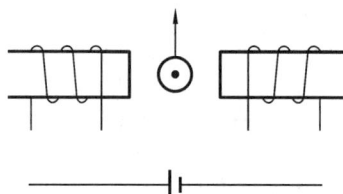

图 2-63　问答题与计算题 29 图　　　　图 2-64　问答题与计算题 30 图

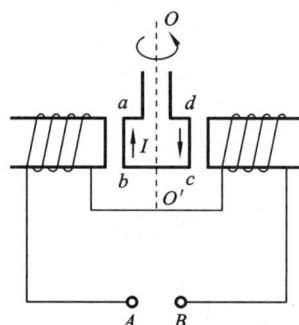

31. 在 0.5 T 的匀强磁场中,放入 20 cm² 的线框,分别求出当线框平面与磁场方向垂直和平行时通过线框的磁通。

32. 在匀强磁场中,垂直放置一个截面积为 12 cm² 的铁心,设其磁通为 $4.5×10^{-3}$ Wb,铁心的相对磁导率为 5000,求磁场的磁场强度。

33. 一个带气隙的铁心线圈,接入直流电源,在改变气隙的大小时,线圈中的电流和磁通将如何变化?

_____

_____

_____

34. 如图 2-65 所示,线圈 A 为通电的一次绕组,线圈 B 为二次绕组,导线 CD 置于强磁场中,在开关 K 打开瞬间,在图中标出线圈 A、B 中产生的感应电动势的极性,并指出导线 CD 的运动方向。

_____

_____

_____

35. 如图 2-66 所示,一个矩形导电框两端各串联一个电阻,其电阻分别为 $R_1 = 1\ \Omega$,$R_2 = 2\ \Omega$,将其放在匀强磁场中,其磁感应强度 $B = 5\ T$,方向如图 2-66 所示。今有一导体 AB,长 $0.2\ m$,以 $1\ m/s$ 的速度在矩形导电框上向右滑动,求:

(1) 通过 R_1、R_2 的电流;

(2) 磁场对导体 AB 的作用力;

(3) 电阻 R_1、R_2 上消耗的功率;

(4) 外力作用于导体 AB 的功率。

_____

_____

_____

_____

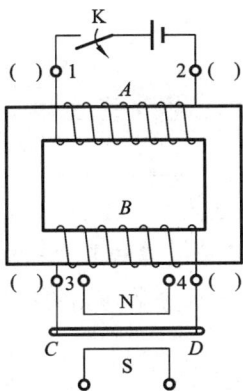

图 2-65 问答题与计算题 34 图

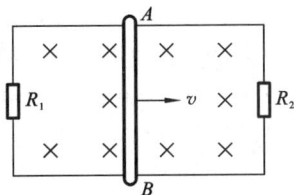

图 2-66 问答题与计算题 35 图

36. 如图 2-67 所示,AB、CD 是平行的金属导轨,ab、mn 是压在导轨上的两根金属棒,磁场方向垂直纸面向外。当金属棒 ab 向左运动时,金属棒的 mn 受力方向是什么？为什么？

_____

_____

_____

_____

37. 如图 2-68 所示,当可变电阻触点 M 向右移动时,标出 L_2 上感应电流的方向,AB、CD 相互作用力的方向,以及线圈 $GHJK$ 的转动方向。

_____

_____

_____

_____

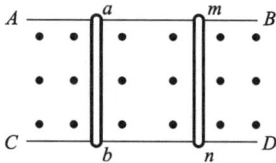

图 2-67　问答题与计算题 36 图

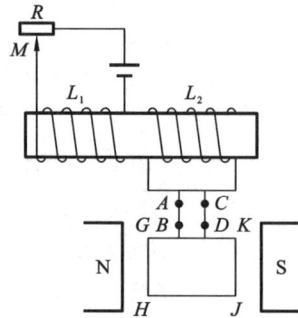

图 2-68　问答题与计算题 37 图

38. 如图 2-69 所示,有一匀强磁场,磁感应强度为 2×10^{-3} T,在垂直于磁场的平面内,有一个金属棒绕平行于磁场的 O 轴按逆时针方向转动,转速为 5 r/s,已知棒长 0.4 m。

(1) 求金属棒上产生的感应电动势;

(2) 判断 O、A 两端电位的高低。

_____

_____

_____

_____

39. 一个平均长度为 15 cm、截面积为 2 cm² 的铁氧体环形磁心上均匀分布 500 匝线圈,测出其电感为 0.6 H,试求磁心的相对磁导率。如果其他条件不变而匝数增加为 2000 匝,试求此线圈的电感。

_____

_____

_____

_____

40. 在图 2-70 中，标出开关 K 闭合瞬间互感电动势的极性。

_____

_____

_____

_____

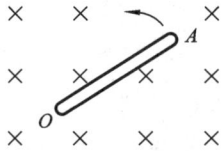

图 2-69 问答题与计算题 38 图

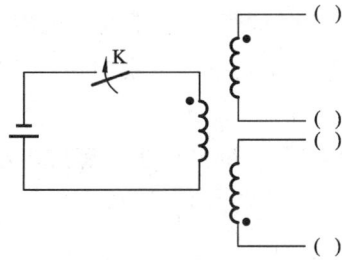

图 2-70 问答题与计算题 40 图

41. 如图 2-71 所示，$R_1 = 10\ \Omega$，$R_2 = 20\ \Omega$，$R_3 = 30\ \Omega$，$U = 12\ \text{V}$，$L = 20\ \text{mH}$，$C = 50\ \mu\text{F}$，电路处于稳态，求：

  (1) L 中的电流和其两端的电压；

  (2) C 中的电流和两端的电压。

_____

_____

_____

_____

42. 如图 2-72 所示，在磁场强度为 5 A/m 的磁场中，均介质的相对磁导率为 10000，通电导体 ab 的长度为 2 m。已知导体所受的磁场力为 3.14×10^{-2} N，方向垂直纸面向外，求：

  (1) 磁感应强度的大小；

  (2) 通电导体中电流的大小和方向。

_____

_____

_____

_____

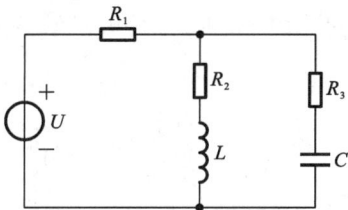

图 2-71 问答题与计算题 41 图

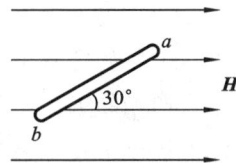

图 2-72 问答题与计算题 42 图

43. 如图 2-73 所示,条形磁铁抽出线圈的瞬间,小磁针和检流计指针将如何偏转?

_____

_____

_____

_____

44. 如图 2-74 所示,匀强磁场的磁感应强度 $B=2$ T,方向垂直纸面向里,电阻 $R=0.5$ Ω,导体 AB、CD 在平行框上分别向左和向右匀速滑动,$v_1=5$ m/s,$v_2=4$ m/s,AB 和 CD 的长度都为 40 cm,求:

(1) 在导体 AB、CD 上产生的感应电动势的大小;

(2) 电阻 R 中的电流大小和方向。

_____

_____

_____

_____

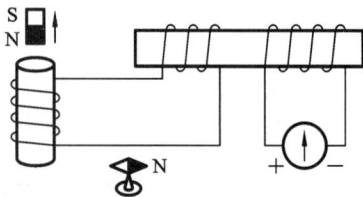

图 2-73   问答题与计算题 43 图   图 2-74   问答题与计算题 44 图

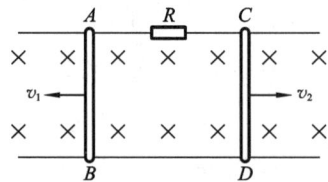

45. 金属框 $ABCD$ 在束集的磁场中摆动,磁场方向垂直纸面向外,如图 2-75 所示。

(1) 当金属框从右向左摆动过程中分别在位置 Ⅰ、Ⅱ、Ⅲ 时,是否产生感应电流? 如果有,则标出感应电流的方向。

(2) 金属框在摆动过程中振幅将发生怎样的变化? 为什么?

_____

_____

_____

_____

46. 在图 2-76 所示电路中,$C_1=C_2=C_3=C_0=200$ μF,额定工作电压为 50 V,电源电压 $U=120$ V。

(1) 求这组串联电容的等效电容量;

(2) 求每个电容两端的电压;

(3) 说明在此电压下工作安全性。

_____

_____

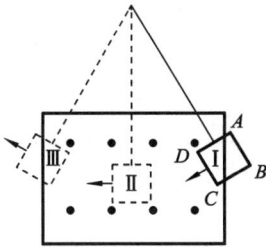

图 2-75　问答题与计算题 45 图

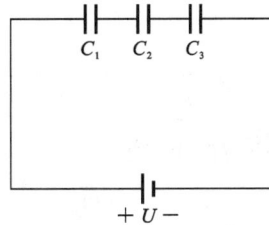

图 2-76　问答题与计算题 46 图

47. 现有两个电容,一个电容的电容量为 $C_1 = 2\ \mu F$,额定工作电压为 160 V,另一个电容的电容量为 $C_2 = 10\ \mu F$,额定工作电压为 250 V,若将这两个电容串联起来,接入 300 V 的直流电源,如图 2-77 所示,每个电容上的电压是多少? 这样使用是否安全?

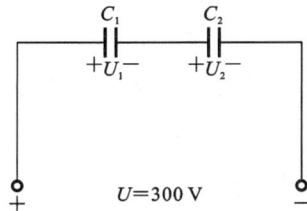

图 2-77　问答题与计算题 47 图

48. 电容 1 的电容量为 10 μF,充电后电压为 30 V,电容 2 的电容量为 20 μF,充电后电压为 15 V,把它们并联在一起后,其电压为多少?

49. 有两个电容,一个电容量较大,另一个电容量较小。
(1) 如果它们所带的电荷一样,那么哪一个电容上的电压高?
(2) 如果它们两端的电压相等,那么哪一个电容所带的电荷多?

50. 有人说"电容量大的电容所带的电荷就一定多",这种说法对吗？为什么？

51. 在下列各情况下,空气平行板电容的电容量、两极板之间的电压、电容的带电荷各有什么变化？

(1) 充电后保持与电源相连,将极板面积增大一倍；

(2) 充电后保持与电源相连,将两极板之间的距离增大一倍；

(3) 充电后与电源断开,将两极板之间的距离增大一倍；

(4) 充电后与电源断开,将极板面积缩小一半；

(5) 充电后与电源断开,在两极板之间插入相对介电常数为 $\varepsilon_r = 4$ 的电介质。

52. 平行板电容极板面积为 15 cm²,两极板相距 0.2 mm。

(1) 求当两极板之间的介质是空气时的电容；

(2) 若其他条件不变而把电容中的介质换成另一种电介质,测出其电容量为 132 pF,求这种电介质的相对介电常数。

53. 一个平行板电容,两极板之间是空气,极板面积为 50 cm²,两极板之间的距离为 1 mm。

(1) 求电容的电容量；

(2) 如果两极板之间的电压为 300 V,则电容所带电荷为多少？

54. 两个相同的电容器,标有"100 pF,600 V",串联后接入 900 V 的电路,完成下列任务：

(1) 每个电容带多少电荷？

(2) 加在每个电容上的电压是多少?

(3) 电容是否会被击穿?

―――――――――――――――――――――――――――――――

―――――――――――――――――――――――――――――――

―――――――――――――――――――――――――――――――

55. 把"100 pF,600 V"和"300 pF,300 V"的电容串联后接入 900 V 的电路,电容会被击穿吗? 为什么?

―――――――――――――――――――――――――――――――

―――――――――――――――――――――――――――――――

―――――――――――――――――――――――――――――――

56. 现有两个电容,其中一个电容量为 0.25 μF,耐压为 250 V;另一个电容为 0.5 μF, 耐压为 300 V,试求:

(1) 它们串联以后的耐压;

(2) 它们并联以后的耐压。

―――――――――――――――――――――――――――――――

―――――――――――――――――――――――――――――――

―――――――――――――――――――――――――――――――

57. 电容量为 3000 pF 的电容在带电荷达到 1.8×10^{-6} C 时,撤去电源,再把它与电容量为 1500 pF 的电容并联,求每个电容所带的电荷。

―――――――――――――――――――――――――――――――

―――――――――――――――――――――――――――――――

―――――――――――――――――――――――――――――――

58. 若一个 10 μF 的电容的电压达到 100 V,欲继续充电,使得其电压达到 200 V,则电容可增加多少电场能量?

―――――――――――――――――――――――――――――――

―――――――――――――――――――――――――――――――

―――――――――――――――――――――――――――――――

59. 根据电容的定义式 $C=q/U$,有人认为:当电量 $q=0$ 时,电容 C 与电量 q 成正比,与电压 U 成反比。这种说法对吗? 为什么?

―――――――――――――――――――――――――――――――

―――――――――――――――――――――――――――――――

60. 某电容的电容量为 1500 pF，接入 10 kV 直流电源，充电完毕后，存储的电量为多少？

_____

_____

_____

61. $C = 20$ μF 的电容两极板之间的电压 $U = 100$ V，电容中存储的电场能量为多少？将该电容接入 200 V 的电路后继续充电，直到充电结束，电容从电路吸收了多少电能？

_____

_____

_____

62. 试画出三个电容串联的电路图。在什么情况下需要把电容串联起来？试比较电容串联与电阻串联时特性的异同。

_____

_____

_____

63. 试画出三个电容并联的电路图。在什么情况下需要把电容并联起来？试比较电容并联与电阻并联时特性的异同。

_____

_____

_____

64. 怎样用安培定则来判断载流直线导体、环形导体和线圈的磁场方向？如何根据它们之间的内在联系进行记忆？它们的磁力线形状各是怎样的？

_____

_____

_____

65. 磁场对通电导体的安培力的一般计算公式是什么？如何确定方向？

_____

_____

_____

66. 掌握通过楞次定律或右手定则判定感应电动势和感应电流的方法,完成下列任务:

(1) 什么情况下用右手定则?

(2) 什么情况下用楞次定律?

_____

_____

_____

67. 有人说:"只要闭合回路中的导体在磁场中运动,回路中就一定有感应电流产生。"这句话对吗? 为什么?

_____

_____

_____

68. 电感的电压与电流的关系是怎样的? 写出它们的关系式。

_____

_____

_____

69. 一个电容量为 10 μF 的电容,所带电荷为 1.5×10^{-6} C,求该电容的端电压及存储的电场能量。

_____

_____

_____

70. 一个 $C = 300\ \mu$F 的电容在 1 ms 内,端电压由 0 上升到 60 V,求充电电流。

_____

_____

_____

71. 在 10 ms 内,一个线圈的电流由 0 增加到 0.5 A,线圈两端产生的自感电压为 250 V,求该线圈的电感 L。

_____

_____

_____

72. 电感 $L = 0.5$ H 的线圈在 50 ms 内电流由 30 A 减小到 15 A,试求线圈中的自感电动势的大小和方向。

_____

_____

_____

73. 在 $L=10$ mH 的线圈中要产生 100 V 自感电动势,若所用时间为 20 ms,则线圈中电流的变化量是多少?

_____

_____

_____

_____

74. 有一个电感 $L=1.5$ H 的线圈,在 5 ms 内电流由 1 A 增加到 5 A,试求:

(1) 线圈产生的自感电动势;

(2) 线圈中磁场能量的增加量。

_____

_____

_____

75. 在图 2-78 所示的匀强磁场中,穿过磁极极面的磁通 $\Phi=3.84\times10^{-2}$ Wb,磁极边长分别为 4 cm 和 8 cm,求磁极间的磁感应强度。

_____

_____

_____

_____

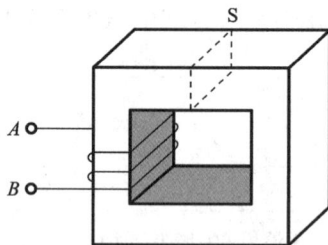

图 2-78　问答题与计算题 75 图

76. 在问答题与计算题 75 中,若已知磁感应强度 $B=0.8$ T,铁心的截面积 S 为 20 cm^{-2},求通过铁心截面中的磁通。

_____

_____

_____

77. 有一个匀强磁场,磁感应强度 $B = 3 \times 10^{-2}$ T,介质为空气,计算该磁场的磁场强度。

_____

_____

_____

78. 在硅钢片中,已知磁感应强度为 1.4 T,磁场强度为 5 A/cm,求硅钢片的相对磁导率。

_____

_____

_____

79. 在匀强磁场中,垂直放置一个截面积为 12 cm^{-2} 的铁心,设其中的磁通为 4.5×10^{-3} Wb,铁心的相对磁导率为 5000,求磁场的磁场强度。

_____

_____

_____

80. 把 30 cm 长的通电直导线放入匀强磁场,导线中的电流为 2 A,磁场的磁感应强度为 1.2 T,求电流方向与磁场方向垂直时导线所受的磁场力。

_____

_____

_____

81. 在磁感应强度为 0.4 T 的匀强磁场中,有一根和磁场方向相交成 60°、长 8 cm 的通电直导线 ab,如图 2-79 所示。磁场对通电导线的作用力为 0.1 N,其方向与纸面垂直且指向读者,求导线中电流的大小和方向。

_____

_____

_____

_____

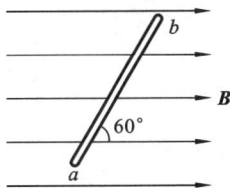

图 2-79 问答题与计算题 81 图

82. 有一根金属导线,长 0.6 m,质量为 0.01 kg,用两根柔软的细线悬在磁感应强度为 0.4 T 的匀强磁场中,如图 2-80 所示。问金属导线中的电流为多大,流向如何,才能抵消细线中的张力?

_____

_____

_____

_____

83. 欲使图 2-81 中的通电导线在电磁力的作用下向上运动,应如何连接电源? 请在图上画出。

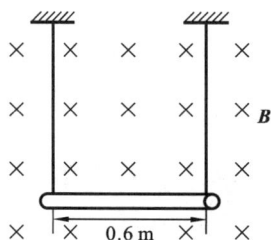

_____

_____

_____

_____

图 2-80　问答题与计算题 82 图　　　　　图 2-81　问答题与计算题 83 图

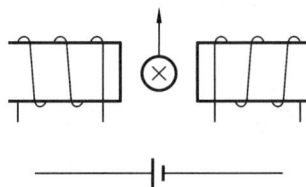

84. 把一根通有 4 A 电流、长为 30 cm 的导线放在匀强磁场中,当导线和磁力线垂直时,测得所受的磁场力是 0.06 N,完成下列任务:

(1) 求磁场的磁感应强度;

(2) 如果导线和磁场方向成 30°,则导线所受到的磁场力的大小为多少?

_____

_____

_____

85. 在图 2-82 中,CDEF 是金属框,当导体 AB 向右移动时,试用右手定则确定 ABCD 和 ABFE 两个电路中感应电流的方向。能不能用这两个电路中的任意一个电路通过楞次定律来判定导体 AB 中感应电流的方向?

_____

_____

_____

86. 在图 2-83 所示的电路中,把可变电阻 R 的滑动触点向左移动使电流减弱,试确定这时线圈 A 和 B 中感应电流的方向。

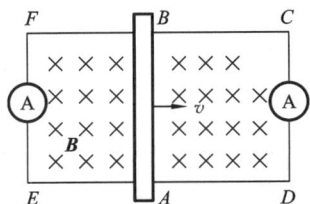

_____

_____

_____

_____

图 2-82　问答题与计算题 85 图

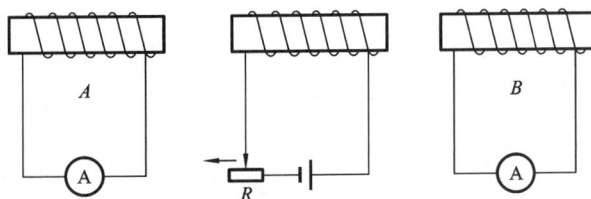

图 2-83　问答题与计算题 86 图

87. 在 0.4 T 的匀强磁场中,长度为 25 cm 的导线以 6 m/s 的速度做切割磁力线的运动,运动方向与磁力线成 30°,并与导线本身垂直,求导线中感应电动势的大小。

_____

_____

_____

88. 有一个 1000 匝的线圈,在 0.4 s 内穿过它的磁通从 0.02 Wb 增加到 0.09 Wb,求线圈中的感应电动势。如果线圈的电阻为 10 Ω,当它与一个电阻为 990 Ω 的电热器串联组成闭合电路时,通过电热器的电流为多少?

_____

_____

_____

89. 若某一空心线圈中通入 10 A 电流,自感磁通链为 0.01 Wb,求线圈的电感。若线圈有 100 匝,求线圈中电流为 5 A 时的自感磁通链和线圈内的磁通。

_____

_____

_____

90. 一个线圈的电流在 1/1000 s 内有 0.02 A 的变化时,产生 50 V 的自感电动势,求线圈的自感系数。如果这个电路中电流的变化率为 40 A/s,那么自感电动势为多少?

_____

_____

91. 在电感为 0.8 H 的线圈中,电流自 500 mA 减至零,求在此过程中线圈释放出的磁场能量。

92. 试说明变压器的类别。

93. 试说明变压器的铁心为什么要用硅钢片叠压而成?

94. 有一个 380 V/36 V 的降压变压器,若一次绕组的匝数为 1900 匝,则二次绕组的匝数为多少?

95. 有一个电力变压器,一次侧电压 $U_1 = 3000$ V,二次侧电压 $U_2 = 220$ V,若二次侧电流为 150 A,则变压器一次侧电流为多少?

96. 试分析变压器的工作原理。

97. 变压器的两个绕组串联或并联时,应如何连接同名端?

98. 有一个 220 V/110 V 的降压变压器,一次绕组的匝数为 2200 匝,若二次绕组接入阻抗为 10 Ω 的阻抗,则变压器的变压比和输入阻抗分别为多少?

99. 有一个 220 V/110 V 的降压变压器,如果在二次侧接入 55 Ω 的电阻,则变压器一次侧的输入阻抗为多少?

100. 有一个理想变压器,一次绕组的匝数为 1000 匝,二次绕组的匝数为 200 匝,将一次侧接入 220 V 的交流电路,已知二次侧负载的阻抗为 44 Ω,求:
   (1) 二次绕组的输出电压;
   (2) 一次绕组的电流、二次绕组的电流;
   (3) 一次侧的输入阻抗。

101. 为了安全,机床上照明灯上的电压为 36 V,这个电压是把 220 V 的电压经变压器降压后得到的,如果变压器的一次绕组匝数为 1140 匝,那么二次绕组匝数为多少匝? 让这个变压器为 40 W 的照明灯供电,如果不考虑变压器本身的损耗,则一次绕组、二次绕组的电流各为多少?

102. 有一个理想变压器,已知一次绕组匝数为 1000 匝,接入 $u = 141\sin(\omega t)$ 的交流电源,负载中的电流为 1 A,消耗功率为 10 W,求二次绕组的匝数和负载的电阻。

103. 如图 2-84 所示,当电阻 R 接在 1、2 端时,电流表读数为 1 A;当电阻 R 接在 3、4 端时,电流表读数为 4 A。若将 2、3 端相接,电阻 R 接在 1、4 端,则这时电流表的读数为多少?

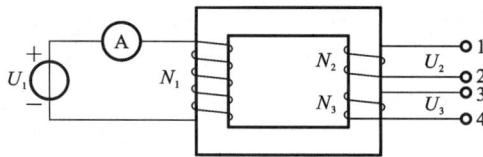

图 2-84 问答题与计算题 103 图

104. 理想变压器一次绕组、二次绕组的匝数之比为 55∶9,一次绕组接入 $u=311\sin(100\pi t)$ V 的交流电源。

(1) 求变压器的输入电压和输出电压;

(2) 当二次侧分别连接一个和两个(并联)60 Ω 的电灯时,变压器的输入功率、输入电流各为多少?

105. 在电压为 220 V 的交流电路中,接入一个变压器,它的一次绕组的匝数为 800 匝,二次绕组的匝数为 46 匝,二次绕组接入电灯电路,通过的电流为 8 A。如果变压器的效率为 90%,则一次绕组中的电流为多少?

106. 图 2-85 所示的为一个理想变压器,当一次侧的输入电压为 220 V 时,两个二次绕组的输出电压分别为:1、2 端——2 V,3、4 端——7 V。现有三个电灯,EL_1 标有"3 V,0.9 W",EL_2、EL_3 都标有"6 V,0.9 W",若要连接在同一电路中,使它们都能正常发光,设计三个电灯与变压器的接法,并求此时变压器一次侧的输入电流。

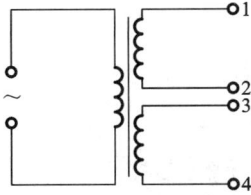

图 2-85　问答题与计算题 106 图

107. 在图 2-86 所示电路中,理想变压器的一次绕组和二次绕组的匝数之比为 1∶2,电源电压 $U=220$ V,熔断器的额定电流为 $I_N=1$ A,R 为可变电阻。为了不使一次绕组中的电流超过这额定电流,可变电阻 R 最低为多少?

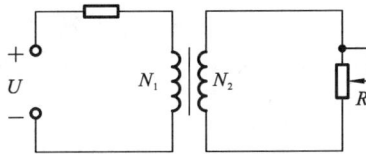

图 2-86　问答题与计算题 107 图

108. 有一个 220 V/110 V 的降压变压器,一次绕组的匝数为 2200 匝,若二次绕组接入 10 Ω 的阻抗,则变压器的变压比和输入阻抗分别为多少?

练习三

单相正弦交流电路

一、单项选择题

1. 人们常说的交流电压 220 V 或 380 V 是指交流电压的(　　)。

A. 最大值　　　　　B. 有效值　　　　　C. 瞬时值　　　　　D. 平均值

2. 正弦交流电的三要素是指(　　)。

A. 周期、频率、角频率　　　　　　B. 瞬时值、最大值、有效值

C. 相位、初相位、相位差　　　　　D. 最大值、角频率、初相位

3. 反映正弦交流电变化快慢的物理量为(　　)。

A. 最大值　　　　　B. 频率　　　　　C. 初相位　　　　　D. 相位

4. 某正弦交流电的初相位为 $-90°$，则在 $t=0$ 时,其瞬时值(　　)。

A. 等于零　　　　　B. 小于零　　　　　C. 大于零　　　　　D. 不能确定

5. 若电路中某元件两端的电压 $u=10\sin(314t+45°)$ V,电流 $i=5\sin(314t+135°)$ A,则该元件为(　　)。

A. 电阻　　　　　B. 电容　　　　　C. 电感　　　　　D. 不能确定

6. 两个同频率的正弦交流电反相时,其相位差为(　　)。

A. 90°　　　　　B. 0°　　　　　C. 180°　　　　　D. 60°

7. 在 RLC 串联正弦交流电路中,当电流与总电压同相位时,这种电路称为(　　)电路。

A. 感性　　　　　B. 容性　　　　　C. 串联谐振　　　　　D. 并联谐振

8. 在一个 RLC 串联交流电路中,已知 $R_1=12$ Ω,$X_L=80$ Ω,$X_C=40$ Ω,则该电路呈(　　)。

A. 电容性　　　　　B. 电感性　　　　　C. 电阻性　　　　　D. 中性

9. 交流电气设备上标出的功率一般是指(　　)。

A. 瞬时功率　　　　　B. 有功功率　　　　　C. 无功功率　　　　　D. 最大功率

10. 交流电路中提高功率因数的目的是(　　)。

A. 减小电路的功率损耗　　　　　　B. 提高负载的效率

C. 增加负载的输出功率　　　　　　D. 提高电流的利用率

11. 某个电灯上写着额定电压 220 V,这是指(　　)。

A. 最大值   B. 瞬时值   C. 有效值   D. 平均值

12. 两个正弦交流电流的解析式为：$i_1 = 10\sin(314t + \pi/6)$ A，$i_2 = 10\sqrt{2}\sin(314t + \pi/4)$ A。这两个交流电流相同的参数为（   ）。

A. 最大值   B. 有效值   C. 周期   D. 初相

13. 已知一交流电流，当 $t = 0$ 时，$i_0 = 1$ A，初相为 $30°$，则这个交流电的有效值为（   ）。

A. 0.5 A   B. 1.414 A   C. 1 A   D. 2 A

14. 一个电热器接在 10 V 的直流电源上，产生一定的热功率。把它改接到交流电源上，使产生的热功率为原来的一半，则交流电源电压的最大值应为（   ）。

A. 7.07 V   B. 5 V   C. 14 V   D. 10 V

15. 同频率正弦交流电流 i_1、i_2 的最大值都为 5 A，且 $i_1 + i_2$ 的最大值也为 5 A，则 i_1 与 i_2 之间的相位差为（   ）。

A. 30°   B. 45°   C. 90°   D. 120°

16. i_1 超前 i_2 60°，i_2 超前 i_3 150°，则 i_1 和 i_3 的相位关系为（   ）。

A. i_1 滞后 i_3 110°   B. i_1 滞后 i_3 150°   C. i_1 超前 i_3 150°   D. i_1 超前 i_3 110°

17. 已知正弦交流电 $u = 7\sin(20t + 5°)$ V，$i = \sin(30t - 25°)$ A，它们的相位差为（   ）。

A. 25°   B. $-25°$ C. 0°   D. 无固定相位差

18. 已知 i_1 超前 i_2 30°，若将 i_2 的参考方向反过来，则 i_1 和 i_2 的相位关系为（   ）。

A. i_1 滞后 i_2 150°   B. i_1 滞后 i_2 30°   C. i_1 超前 i_2 150°   D. i_1 超前 i_2 30°

19. 电灯与电容组成的电路如图 3-1 所示，由交流电源供电，如果交流电的频率减小，则电容的（   ）。

A. 电容量增大   B. 电容量减小   C. 容抗增大   D. 容抗减小

20. 电灯与线圈组成的电路如图 3-2 所示，由交流电源供电，如果交流电的频率增大，则线圈的（   ）。

A. 电感增大   B. 电感减小   C. 感抗增大   D. 感抗减小

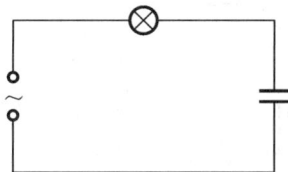

图 3-1 单项选择题 19 图   **图 3-2** 单项选择题 20 图

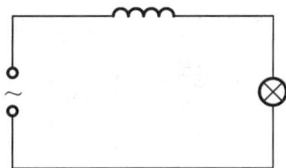

21. 在纯电感电路中，下列各式正确的为（   ）。

A. $I = U/L$ B. $I = U/\omega L$ C. $I = \omega LU$ D. $I = u/X_L$

22. 如图 3-3 所示，当交流电源的电压为 220 V，频率为 50 Hz 时，三个电灯的亮度相同。现将交流电的频率改为 100 Hz，则下列情况正确的应是（   ）。

A. A 电灯比原来暗   B. B 电灯比原来亮

C. C 电灯比原来亮   D. C 电灯和原来一样亮

23. 在图 3-4 所示的电路中,交流电压表 V 的读数为 10 V,V_2 的读数为 8 V,则 V_2 的读数为( )。

    A. 6 V   B. 2 V   C. 10 V   D. 4 V

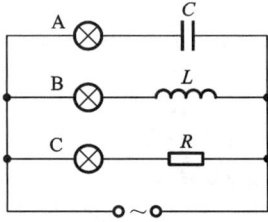

图 3-3　单项选择题 22 图   图 3-4　单项选择题 23 图

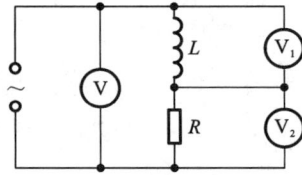

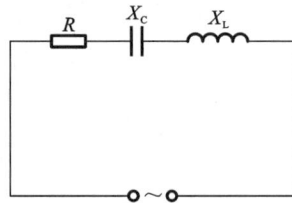

24. 某电感线圈(可等效为 RL 串联电路),当接入 3 V 直流电压时,测得电流为 1 A;当接入 10 V 工频交流电压时,测得电流为 2 A,则该线圈的感抗为( )。

    A. 4 Ω   B. 3 Ω   C. 1 Ω   D. 5 Ω

25. 已知电路中某元件的电压和电流分别为 $u=30\sin(\omega t+60°)$ V,$i=-2\sin(\omega t-60°)$ A,则该元件属于( )。

    A. 电感性元件   B. 电容性元件   C. 电阻性元件   D. 纯电感元件

26. 在图 3-5 所示的电路中,若 $u=10\sin(\omega t-15°)$ V,$i=2\sin(\omega t+45°)$ A,则电路 N 吸收的平均功率 $P=$( )。

    A. 10 W   B. 6 W   C. 5 W   D. 3 W

27. 如图 3-6 所示,只有( )属于电感性电路。

    A. $R=4$ Ω,$X_L=1$ Ω,$X_C=2$ Ω   B. $R=4$ Ω,$X_L=0$,$X_C=2$ Ω

    C. $R=4$ Ω,$X_L=3$ Ω,$X_C=2$ Ω   D. $R=40$ Ω,$X_L=3$ Ω,$X_C=3$ Ω

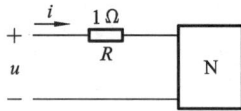

图 3-5　单项选择题 26 图   图 3-6　单项选择题 27 图

28. 在 RLC 串联电路中,已知 $u=\sin(\omega t)$ V,$R=1$ Ω,$X_L=X_C=10$ Ω,则下列表述中错误的是( )。

    A. $|Z|=1$ Ω   B. $I=1$ A   C. $U_R=10$ V   D. $U_L=U_C=10$ V

29. 人们常说的交流电压 220 V、380V,是指交流电压的( )。

    A. 最大值   B. 有效值   C. 瞬时值   D. 平均值

30. 关于交流电的有效值,下列说法正确的是( )。

A. 最大值是有效值的$\sqrt{3}$倍

B. 有效值是最大值的$\sqrt{2}$倍

C. 最大值为 311 V 的正弦交流电压就其热效应而言,相当于一个 220 V 的直流电压

D. 最大值为 311 V 的正弦交流电可以用 220 V 的直流电代替

31. 一个电容的耐压为 250 V,把它接入正弦交流电中使用,加在它两端的交流电压的有效值可以为(   )。

A. 150 V   B. 180 V   C. 220 V   D. 都可以

32. 已知 $u = 100\sqrt{2}\sin(314t - \pi/6)$ V,则它的角频率、有效值、初相分别为(   )。

A. 314 rad/s、$100\sqrt{2}$ V、$-\pi/6$ B. 100π rad/s、100 V、$-\pi/6$

C. 50 Hz、100 V、$-\pi/6$(   )   D. 314 rad/s、100 V、$\pi/6$

33. 某正弦交流电流的初相 $\varphi_0 = -\pi/2$,当 $t = 0$ 时,其瞬时值将(   )。

A. 等于零   B. 小于零   C. 大于零   D. 不能确定

34. $u = 5\sin(\omega t + 15°)$ V 与 $i = 5\sin(2\omega t - 15°)$ A 的相位差为(   )。

A. 30°   B. 0°   C. $-30°$ D. 不能确定

35. 两个同频率正弦交流电流 i_1、i_2 的有效值各为 40 A、30 A,当 $i_1 + i_2$ 的有效值为 50 A 时,i_1 与 i_2 的相位差为(   )。

A. 0°   B. 180°   C. 45°   D. 90°

36. 正弦交流电流通过电阻时,下列关系式正确的是(   )。

A. $i = \dfrac{U_R}{R}\sin(\omega t)$ B. $i = \dfrac{U_R}{R}$ C. $I = \dfrac{U_R}{R}$ D. $i = \dfrac{U_R}{R}\sin(\omega t + \varphi)$

37. 已知交流电流的解析式为 $i = 4\sin\left(314t - \dfrac{\pi}{4}\right)$ A,当它通过 $R = 2\ \Omega$ 的电阻时,电阻上消耗的功率为(   )。

A. 32 W   B. 8 W   C. 16 W   D. 10 W

38. 在纯电感电路中,已知电流的初相为 $-60°$,则电压的初相为(   )。

A. 30°   B. 60°   C. 90°   D. 120°

39. 某电感线圈接入直流电,测出 $R = 12\ \Omega$;接入工频交流电,测出阻抗为 20 Ω,则线圈的感抗为(   )。

A. 20 Ω B. 16 Ω

C. 8 Ω D. 32 Ω

40. 如图 3-7 所示电路,u_i 和 u_o 的相位关系为(   )。

A. u_i 超前 u_o B. u_i 和 u_o 同相

C. u_i 滞后 u_o D. u_i 和 u_o 反相

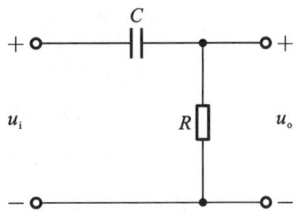

图 3-7 单项选择题 40 图

41. 已知 RLC 串联电路的端电压 $U = 20$ V,各元件两端电压分别为 $U_R = 12$ V,$U_L = 16$ V,则 $U_C = ($ $)$。

A. 4 V   B. 32 V   C. 12 V   D. 28 V

42. 在某一交流电路中,已知加在电路两端的电压为 $u=20\sqrt{2}\sin(\omega t+60°)$ V,电路中的电流为 $i=10\sqrt{2}\sin(\omega t-30°)$ A,则该电路消耗的功率为(　　)。

A. 0　　　　　　　B. 100 W　　　　　　C. 200 W　　　　　　D. $100\sqrt{3}$ W

43. 交流电路中增大功率因数的目的是(　　)。

A. 增加电路的功率消耗　　　　　　　　B. 提高负载的效率

C. 增加负载的输出功率　　　　　　　　D. 提高电源的利用率

44. 在纯电感电路中,下列各式正确的是(　　)。

A. $I=\dfrac{U}{L}$　　　　　B. $I=\dfrac{U}{\omega L}$　　　　　C. $I=\omega LU$　　　　　D. $I=\dfrac{U_m}{\omega L}$

45. 在图 3-8 中,交流电压表 V 的读数为 10 V,V_1 的读数为 8 V,则 V_2 的读数为(　　)。

A. 6 V　　　　　　　B. 2 V　　　　　　C. 10 V　　　　　　D. 4 V

46. 交流电路如图 3-9 所示,电阻、电感和电容两端的电压都为 100 V,则电路的端电压为(　　)。

A. 100 V　　　　　　B. 300 V　　　　　　C. 200 V　　　　　　D. $120\sqrt{3}$ V

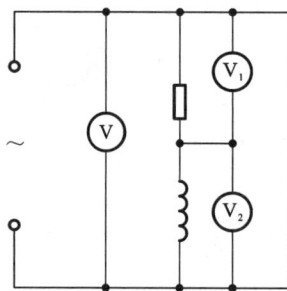

图 3-8　单项选择题 45 图　　　　　　　图 3-9　单项选择题 46 图

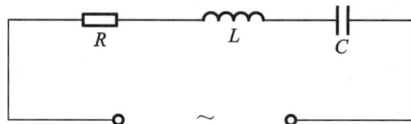

二、判断题

1. 正弦交流电的大小随时间按正弦规律作周期性变化,方向不变。　　　　　　(　　)

2. 额定电压 220 V 的电灯,接在最大值为 311V 的交流电源上,能正常发光。　(　　)

3. 正弦量的相位表示交流电变化过程的一个角度,它和时间无关。　　　　　　(　　)

4. 如果两个同频率正弦交流电压在某一瞬间的值相等,那么两者一定同相。　　(　　)

5. 任意两个同频率的正弦交流电的相位差即为它们的初相位之差。　　　　　　(　　)

6. 电阻是耗能元件,它消耗的平均功率为有功功率。　　　　　　　　　　　　(　　)

7. 在纯电感电路中,电压超前电流 90°。　　　　　　　　　　　　　　　　　(　　)

8. 在直流电路中,电感的感抗为无限大,所以电感可视为开路。　　　　　　　(　　)

9. 在电感性负载电路中,增大功率因数的最有效、最合理的方法是并联感性负载。

(　　)

10. 在正弦交流电路中,感抗与频率成正比,即电感具有通低频、阻高频的特性。(　　)

11. 用交流电压表测得交流电压为 220 V,则此交流电压的最大值为 $220\sqrt{3}$ V。（   ）

12. 用交流电表测得交流电的数值是平均值。（   ）

13. 正弦交流电的三要素是有效值、频率和周期。（   ）

14. 同频率正弦量 i_1、i_2、i_3,当 i_1 滞后 i_2、滞后 i_3 时,则 i_1 一定滞后 i_3。（   ）

15. 已知 i 的初相为 30°,则 $-i$ 的初相为 $-30°$。（   ）

16. 初始值为零的正弦量,其初相一定为零。（   ）

17. 正弦量的有效值与初相无关。（   ）

18. 一个含有直流分量的非正弦周期电压作用于纯电容负载,则电路中的电流不含直流分量。（   ）

19. 额定电流为 100 A 的发电机,只连接了 60 A 的照明负载,还有 40 A 的电流就损失了。（   ）

20. 荧光灯与镇流器串联接在交流 220 V 电源上,若测得荧光灯的电压为 110 V,则可知镇流器所承受的电压也为 110 V。（   ）

21. 交流电路的阻抗随电源的频率增大而增大,随频率的减小而减小。（   ）

22. 如果将一个额定电压为 220 V、额定功率为 100 W 的电灯接入电压为 220 V、输出额定功率为 2000 W 的电源,则电灯会烧坏。（   ）

23. 电感性负载并联一个电容后,可使线路中的总电流减小。（   ）

24. 只有在纯电阻电路中,端电压与电流的相位差才为零。（   ）

25. 某电路两端的端电压为 $u=220\sqrt{2}\sin(314t+30°)$ V,电路中的总电流为 $i=10\sqrt{2}\sin(314t-30°)$ V,则该电路为电感性电路。（   ）

26. 在 RLC 串联电路中,若 $X_L > X_C$,则该电路为电感性电路。（   ）

27. 在 RLC 串联电路中,容抗和感抗的数值越大,电路中的电流就越小,电流与电压的相位差就越大。（   ）

28. 通常照明用交流电压的有效值为 220 V,其最大值即为 380 V。（   ）

29. 正弦交流电的平均值就是有效值。（   ）

30. 正弦交流电的有效值除与最大值有关外,还与它的初相有关。（   ）

31. 如果两个同频率的正弦交流电流在某一瞬间都为 5 A,则两者一定同相且幅值相等。（   ）

32. 10 A 直流电和最大值为 12 A 的正弦交流电,分别流过相同的电阻,在相等的时间内,10 A 直流电发出的热量多。（   ）

33. 正弦交流电的相位可以决定正弦交流电在变化过程中瞬时值的大小和正负。（   ）

34. 初相的范围应为 $-2\pi \sim 2\pi$。（   ）

35. 两个同频率正弦量的相位差,在任何瞬间都不变。（   ）

36. 只有同频率的几个正弦量的矢量,才可以画在同一个矢量图上进行分析。（   ）

37. 两个同频率正弦交流电压之和仍是正弦交流电压。（   ）

38. 电阻上的电压、电流的初相一定都是零,所以它们是同相的。 ( )

39. 在正弦交流电路中,电容上的电压最大时,电流也最大。 ( )

40. 在同一交流电压作用下,电感 L 越大,电感中的电流就越小。 ( )

41. 端电压超前电流的交流电路一定是电感性电路。 ( )

42. 有人将一个额定电压为 220 V、额定电流为 6 A 的交流电磁铁线圈误接入 220 V 的直流电源,此时电磁铁仍将能正常工作。 ( )

43. 某同学做荧光灯电路实验时,测得荧光灯两端的电压为 110 V,镇流器两端的电压为 190 V,两电压之和大于电源电压 220 V,说明该同学测量数据错误。 ( )

44. 在 RLC 串联电路中,U_R、U_L、U_C 都有可能大于端电压。 ( )

45. 在 RLC 串联电路中,感抗和容抗越大,电路中的电流也就越小。 ( )

46. 在正弦交流电路中,无功功率就是无用功率。 ( )

47. 电感性负载两端并联一个电容量适当的电容后,电路的总电流减小,功率因数增大。
 ( )

48. 只有正弦量才能用相量表示。 ( )

49. 只要是正弦量就能用相量进行加减运算。 ( )

50. 相量是时间矢量。 ( )

51. 有效值相量在横轴上的投影是该时刻正弦量的瞬时值。 ( )

52. 最大值相量在纵轴上的投影是该正弦量的瞬时值。 ( )

53. 用交流电压表测得的交流电压为 220 V,则此交流电压的最大值为 $220\sqrt{3}$ V。
 ( )

54. 用交流电表测得交流电的数值是平均值。 ( )

55. 电感性负载总电压落后电流 $\pi/2$。 ( )

三、填空题

1. 交流电流是指电流的大小和_____都随时间作周期变化,且在一个周期内其平均值为零的电流。

2. 正弦交流电路是指电压、电流均随时间按_____规律变化的电路。

3. 正弦交流电的三要素是_____、_____和_____。我国工业及生活中使用的交流电频率为_____,周期为_____。

4. 已知两个正弦交流电流 $i_1=10\sin(314t-30°)$ A,$i_2=310\sin(314t+90°)$ A,则 i_1 和 i_2 的相位差为_____,_____超前_____。

5. 有一个正弦交流电流,有效值为 20 A,其最大值为_____,平均值为_____
____。

6. 在纯电阻电路中,电流与电压的相位_____;在纯电容电路中,电压_____电流 90°;在纯电感电路中,电压_____电流 90°。

7. 已知一个正弦交流电流 $i=\sin\left(314t-\dfrac{\pi}{4}\right)$ A,则该交流电流的最大值为_____,有效值为_____,频率为_____,周期为_____,初相为_____。

8. 有一个电热器接入 10 V 的直流电源,在时间 t 内能将一壶水煮沸。若将电热器接入 $u=10\sin(\omega t)$ V 的交流电源,煮沸同一壶水需要的时间为_____。若把电热器接入另一交流电源,煮沸同样一壶水需要的时间为 $t/3$,则这个交流电压的最大值为_____。

9. 图 3-10 所示的为正弦交流电流的波形图,它的周期为 0.02 s,那么,它的初相为_____,电流的最大值为_____,$t=0.01$ s 时的瞬时电流为_____。

10. 如图 3-11 所示,矩形线圈 $abcd$ 绕对称轴 OO',在 $B=0.5$ T 的匀强磁场中,以 50 r/s 的转速匀速转动。$ab=0.2$ m,$bc=0.1$ m,线圈的匝数为 100 匝。当线圈平面通过图示位置(线圈平面与磁力线垂直)时开始计时,那么 $t=0$、$T/8$、$4T$ 时的瞬时电动势分别为_____ V、_____ V、_____ V;当 t 由 0 到 $T/4$ 的转动过程中电动势的平均值为_____ V;这个线圈在转动过程中产生的交变电动势的有效值为_____。

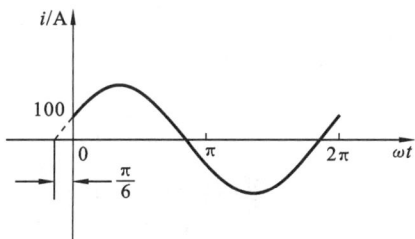

图 3-10 填空题 9 图

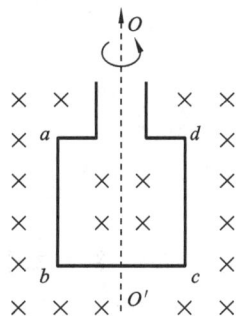

图 3-11 填空题 10 图

11. 已知 $i_1=3\sqrt{2}\sin(314t)$ A,$i_2=4\sqrt{2}\sin(314t+90°)$ A,则 $i_1+i_2=$_____。

12. 某正弦交流电流初相为 45°,初始值为 5 A,则其有效值为_____ A。

13. 频率为 50 Hz 的正弦交流电,当 $U=220$ V,$\varphi_{u0}=30°$,$I=10$ A,$\varphi_{i0}=-60°$ 时,它们的表达式为 $u=$_____ V,$i=$_____ A,u 与 i 的相位关系为_____。

14. 同频率的三个正弦交流电压 u_1、u_2 和 u_3,已知 $u_1=u_2=u_3$,且 $u_1+u_2+u_3=0$,则它们之间的相位关系为_____。

15. 一个电感为 100 mH、电阻可不计的线圈接入 220 V、50 Hz 的交流电源,线圈的感抗为_____,线圈中的电流为_____。

16. 正弦交流电压 $u=220\sin\left(100\pi t+\dfrac{\pi}{3}\right)$ V,将它加在 100 Ω 电阻两端,每分钟放出的热量为_____;将它加在 $C=\dfrac{1}{\pi}$ μF 的电容两端,通过该电容的瞬时电流的表达式为_____;将它加在 $L=\dfrac{1}{\pi}$ H 的电感线圈两端,通过该电感的瞬时电流的表达式为_____。

17. 纯电阻电路的功率因数为_____,纯电感电路的功率因数为_____,纯电容电路的功率因数为_____。

18. 正弦交流电路中,当电感上的电压最大时,其瞬时功率为_____,这时电感的储能为_____。

19. 在图 3-12 所示的电路中,已知 $u=28.28\sin(\omega t+45°)$ V, $R=4\ \Omega$, $X_L=X_C=3\ \Omega$,则 A 的读数为_____,V 的读数为_____,V_1 的读数为_____,V_2 的读数为_____,V_3 的读数为_____,V_4 的读数为_____,V_5 的读数为_____。

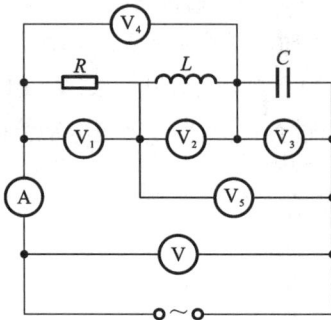

图 3-12 填空题 19 图

20. 已知某交流电路,电源电压 $u=100\sqrt{2}\sin(\omega t-30°)$ V,电路中通过的电流 $i=\sqrt{2}\sin(\omega t-90°)$ A,则电压和电流之间的相位差为_____,电路的功率因数 $\cos\varphi=$_____,电路消耗的有功功率 $P=$_____,电路的无功功率 $Q=$_____,电源输出的视在功率 $S=$_____。

21. 工频电流的周期 $T=$_____ s,频率 $f=$_____ Hz,角频率 $\omega=$_____ rad/s。

22. _____、_____和_____是确定一个正弦量的三要素,它们分别表示正弦量变化的幅度、快慢和起始状态。

23. 交流电压 $u=14.1\sin\left(100\pi t+\dfrac{\pi}{6}\right)$ V,则 $U=$_____ V, $f=$_____ Hz, $T=$_____ s, $\varphi_0=$_____; $t=0.1$ s 时, $u=$_____ V。

24. 频率为 50 Hz 的正弦交流电,当 $U=220$ V, $\varphi_{u0}=60°$, $I=10$ A, $\varphi_{i0}=-30°$时,它们的表达式为 $u=$_____ V, $i=$_____ A, u 与 i 的相位差为_____。

25. 两个正弦交流电流 i_1 与 i_2,它们的最大值都为 5 A,当它们的相位差分别为 0°、90°、180°时, i_1+i_2 的最大值分别为_____、_____、_____。

26. 在正弦量的波形图中,从坐标原点到最近一个正弦波的零点之间的距离称为_____。若零点在坐标原点的右方,则初相为_____;若零点在坐标原点的左方,则初相为_____;若零点与坐标原点重合,则初相为_____。

27. 交流电流为 $i=100\sin\left(100\pi t+\dfrac{\pi}{3}\right)$ A,当它第一次达到零值时,所需的时间为_____ s;当它第一次达到 10 A 时,所需的时间为_____ s;当 $t=T/6$ 时,瞬时

电流 $i=$ _____ A。

28. 已知 $i_1=20\sin\left(314t+\dfrac{\pi}{6}\right)$ A，i_2 的有效值为 10 A，周期与 i_1 相同，且 i_1 与 i_2 反相，则 i_2 的解析式可写为 $i_2=$ _____ A。

29. 一个 1000 Ω 的电阻性负载接入 $u=311\sin(314t+30°)$ V 的电源，负载中电流 $i=$ _____ A。

30. 电感对交流电的阻碍作用称为 _____。若线圈的电感为 0.6 H，则把线圈接入频率为 50 Hz 的交流电路，$X_L=$ _____ Ω。

31. 有一个线圈，其电阻可忽略不计，把它接入 220 V、50 Hz 的交流电源，测得通过线圈的电流为 2 A，则线圈的感抗 $X_L=$ _____ Ω，自感系数 $L=$ _____ H。

32. 一个纯电感线圈接入直流电源，其感抗 $X_L=$ _____ Ω，电路相当于 _____。

33. 电容对交流电的阻碍作用称为 _____。100 pF 的电容对频率为 10^{-6} Hz 的高频电流和 50 Hz 的工频电流的容抗分别为 _____ Ω 和 _____ Ω。

34. 一个电容接入直流电源，其容抗 $X_C=$ _____ Ω，电路稳定后相当于 _____。

35. 一个电感线圈接入电压为 120 V 的直流电源，测得电流为 20 A；接入频率为 50 Hz、电压为 220 V 的交流电源，测得电流为 28.2 A，则线圈的电阻 $R=$ _____ Ω，电感 $L=$ _____ mH。

36. 在 RLC 串联电路中，已知电阻、电感和电容两端的电压都为 100 V，那么电路的端电压为 _____。

37. 在电感性负载两端并联一个电容后，电路的功率因数 _____，线路中的总电流 _____，但电路的有功功率 _____，无功功率和视在功率都 _____。

38. 已知交流电动势 $e=380\sqrt{2}\sin\left(314t-\dfrac{\pi}{4}\right)$V，则该交流电动势的最大值 $E_m=$ _____，有效值 $E=$ _____，频率 $f=$ _____，角频率 $\omega=$ _____，周期 $t=$ _____。当 $t=0.1$ s 时，瞬时电动势 $e=$ _____，初相 $\varphi_0=$ _____。

39. 一个电容的耐压为 250 V，把其接入正弦交流电路中使用时，加在电容上的交流电压的有效值可以为 _____ V。

40. 在纯电感正弦交流电路中，电压超前电流 _____。

41. 感抗表示线圈对 _____ 所呈现的阻碍作用。

42. 容抗是指电容对通过的 _____ 所呈现的阻碍作用。

43. 在纯电容电路中，电压的相位 _____ 电流的相位 $\dfrac{\pi}{2}$。

44. 在 RLC 串联电路中，功率因数的大小取决于电路的参数 _____、_____ 及 _____。

45. 在 RLC 串联电路中，当 $X_L>X_C$ 时，阻抗角 φ 为 _____，电路呈 _____；

当 $X_L < X_C$ 时,阻抗角 φ 为_____,电路呈_____;当 $X_L = X_C$ 时,阻抗角 φ 为_____,电路呈_____。

46. 在交流电路中,P 称为_____,单位为_____,它是电路中_____消耗的功率;Q 称为_____,单位为_____,在电路中,它是_____或_____与电源进行能量交换时瞬时功率的最大值;S 称为_____,单位为_____,它是_____提供的总功率。

47. 纯电阻电路的功率因数为_____,纯电感电路的功率因数为_____,纯电容电路的功率因数为_____。

48. 在 RLC 串联电路中,已知电流为 5 A,电阻为 30 Ω,感抗为 40 Ω,容抗为 80 Ω,电阻的阻抗为_____,该电路称为_____性电路;电阻上的平均功率为_____,无功功率为_____;电感上的平均功率为_____,无功功率为_____;电容上的无功功率为_____。

四、问答题与计算题

1. 把一个 100 Ω 的纯电阻性负载接入 $u = 311\sin(314t + 30°)$ V 的电源,完成下列任务:

(1) 请写出负载中瞬时电流的表达式;

(2) 请画出电流与电压的矢量图。

_____

_____

_____

_____

2. 线圈的电感为 0.25 H,电阻可忽略不计,把它接入频率为 50 Hz、电压为 220 V 的交流电源,完成下列任务:

(1) 求通过线圈的电流;

(2) 若以电压作为参考,请写出瞬时电流的表达式;

(3) 请画出电流与电压的矢量图。

_____

_____

_____

_____

3. 把一个 2 μF 的电容接入交流电压为 $u = 220\sqrt{2}\sin(314t)$ V 的电源,完成下列任务:

(1) 请计算通过电容的电流;

(2) 请写出瞬时电流的表达式;

(3) 请画出电流与电压的矢量图。

_____

_____

_____

4. 在一个 RLC 串联电路中,已知电阻为 8 Ω,感抗为 10 Ω,容抗为 4 Ω,电路的端电压为 220 V,完成下列任务:

(1) 求电路的总阻抗、电流,各元件两端的电压;

(2) 分析电流与电压的关系;

(3) 请画出电流与电压的矢量图。

_____

_____

_____

_____

5. 对于正弦交流电,几位同学发表了下述见解:

(1) 正弦交流电在 1 个周期内方向改变了 1 次,大小改变了 2 次;

(2) 正弦交流电在 1 个周期内方向改变了 4 次,大小改变了 4 次;

(3) 正弦交流电路中的电子运动像正弦曲线那样波浪式前进。

这几位同学的这些见解对吗?

_____

_____

_____

_____

6. 试就下述情形讨论两个正弦交流电的相位关系:

(1) 它们的相位差为 $\varphi_1 - \varphi_2 = 2k\pi, k = 0, 1, 2, 3, \cdots$;

(2) 它们的相位差为 $\varphi_1 - \varphi_2 = (2k+1)\pi, k = 0, 1, 2, 3, \cdots$。

_____

_____

_____

_____

7. 试指出图 3-13 中的三个正弦交流电压 u_1、u_2 和 u_3 在相位上有什么不同? 它们相互之间的相位差为多少?

_____

_____

_____

8. 写出图 3-14 中 u、i 的解析式,并求 $t = 0.1$ s 时对应的值。

_____

_____

_____

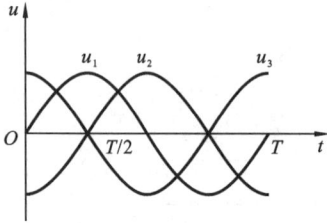

图 3-13　问答题与计算题 7 图

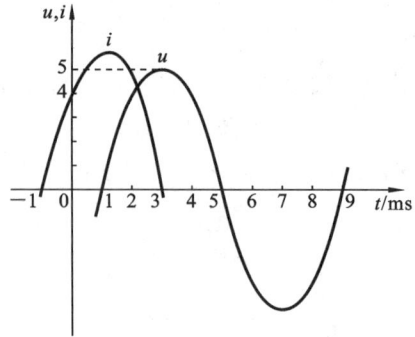

图 3-14　问答题与计算题 8 图

9. 一个工频正弦交流电压的最大值为 537 V,其初始值为 −268.5 V,试求它的解析式。

_____

_____

_____

10. 已知某正弦交流电流的初相为零,当 $t = T/4$ 时,$i = 5$ A,写出该电流的解析式。

_____

_____

_____

11. 把电容量为 5 μF 的电容接入 220 V、50 Hz 的交流电源,通过电容的电流为多少? 把电容的电容量改为 0.05 μF,通过电容的电流为多少?

_____

_____

_____

12. 有一个电阻为 10 Ω 的线圈,当电流的频率为 50 Hz 时,电压与电流之间的相位差为 60°,那么这个线圈的电感为多少? 当电流的频率为 100 Hz 时,这个线圈的电压与电流之间的相位差为多少?

_____

_____

_____

13. 如图 3-15 所示,已知 $X_C < X_L$,在下列情况下,电流表的读数会发生怎样的变化?
(1) K_2、K_3 断开,K_1 由闭合变为断开;

(2) K_1、K_3 断开,K_2 由闭合变为断开;

(3) K_1、K_2 断开,K_3 由闭合变为断开。

_____

_____

_____

14. 如图 3-16 所示,当交流电源频率增大时,图中各交流电表的读数会发生怎样的变化?若把电源和电表分别改成直流电源和直流电表,则电流表中哪个读数最大?哪个读数最小?电压表中哪个读数最大?哪个读数最小?

_____

_____

_____

_____

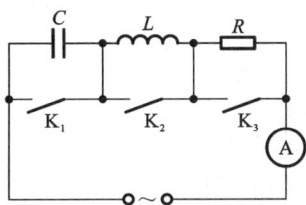

图 3-15 问答题与计算题 13 图

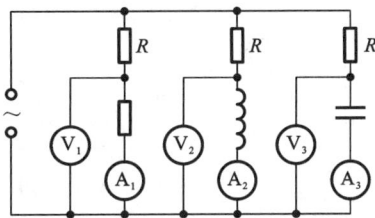

图 3-16 问答题与计算题 14 图

15. 在 RL 串联电路中,电阻 $R=6\ \Omega$,电感 $L=25.48\ \text{mH}$,电源电压 $u=10\sqrt{2}\sin(314t)\ \text{V}$,完成下列任务:

(1) 求电路中的电流 i、电阻,以及电感两端的电压 u_R、u_L;

(2) 在电路中串联一个电容 C 后,仍使得 R、L 两端电压的有效值不变,求此电容以及电路中的电流 i。

_____

_____

_____

16. 增大感性电路功率因数可以采用什么方法?为什么?并联一个电阻行吗?为什么?

_____

_____

_____

17. 图 3-17 所示的为一个测定线圈参数的电路。已知串联附加电阻 $R=150\ \Omega$,电源频率为 50 Hz,电压表的读数为 200 V,电流表的读数为 5 A,功率表的读数为 500 W,求被测线

圈的内阻 R_0 和电感 L。

_____
_____
_____
_____

18. 如图 3-18 所示，已知 $R=X_L=X_C=10\ \Omega$，$U=10\ V$，求电容两端的电压及其中的电流。

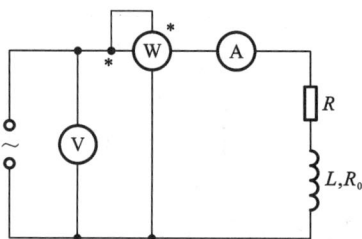

_____
_____
_____
_____

图 3-17　问答题与计算题 17 图

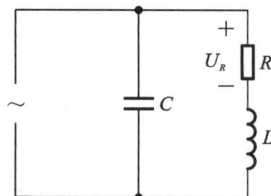

图 3-18　问答题与计算题 18 图

19. 在图 3-19 所示的电路中，已知 $u=220\sqrt{2}\sin(314t)\ V$，$i_1=22\sin(314t-45°)A$，$i_2=11\sqrt{2}\sin(314t+90°)A$，试求各仪表读数及电路参数 R、L、C。

_____
_____
_____
_____

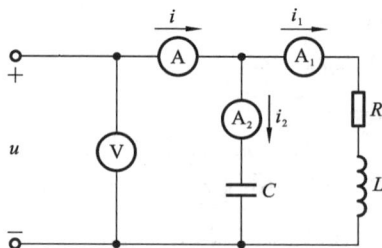

图 3-19　问答题与计算题 19 图

20. 某供电系统的额定视在功率为 $500\ kV\cdot A$，额定电压为 220V，用户是 5 个工厂和本区域的居民，用户的额定电压为 220 V，平均每个工厂的额定功率为 72 kW，功率因数为 0.8，居民用电所需功率为 90 kW，功率因数为 0.9。那么，这个供电系统能否满足用户的需求？

如果将工厂的功率因数增大到 0.9,能否满足需要? 注意:不计输电线上电能的损失。

_____

_____

_____

21. 图 3-20 所示的为按正弦规律变化的交流电流的波形图,根据波形图求出它的周期、频率、角频率、初相、有效值,并写出它的解析式。

_____

_____

_____

_____

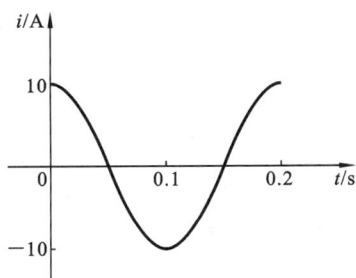

图 3-20 问答题与计算题 21 图

22. 一个线圈的自感系数为 0.5H,电阻可以忽略,把它接入频率为 50 Hz、电压为 220 V 的交流电源上,求通过线圈的电流。若以电压作为参考正弦量,写出瞬时电流的表达式。

_____

_____

_____

_____

23. 已知加在 $2\ \mu F$ 电容上的交流电压为 $u=220\sqrt{2}\sin(314t)$ V,求通过电容的电流,写出瞬时电流的表达式。

_____

_____

_____

_____

24. 荧光灯电路可以看成是一个 RL 串联电路,若已知荧光灯的电阻为 300 Ω,镇流器感抗为 520 Ω,电源电压为 220 V。

(1) 请画出电流与电压的矢量图;

(2) 求电路中的电流;

（3）求荧光灯和镇流器两端的电压；

（4）求电流和端电压的相位差。

_____

_____

_____

25. 交流接触器电感线圈的电阻为 220 Ω，电感为 10 H，接入电压为 220 V、频率为 50 Hz 的交流电源。

（1）线圈中电流多少？

（2）如果不小心将此交流接触器接入 220 V 的直流电源，则线圈中的电流为多少？

（3）若线圈允许通过的电流为 0.1 A，会出现什么后果？

_____

_____

_____

26. 为了使一个 36 V、0.3 A 的电灯在接入 220 V、50 Hz 的交流电源后仍能正常工作，可以串联一个电容进行限流，应串联多大的电容才能达到目的？

_____

_____

_____

27. 在一个 RLC 串联电路中，已知电阻为 8 Ω，感抗为 10 Ω，容抗为 4 Ω，电路的端电压为 220 V，求电路中的总阻抗、电流、各元件两端的电压，以及电流和端电压的相位关系。

_____

_____

_____

28. 已知某交流电路，电源电压 $u = 100\sqrt{2}\sin(\omega t)$ V，电路中的电流 $i = \sqrt{2}\sin(\omega t - 60°)$ A，求电路的功率因数、有功功率、无功功率和视在功率。

_____

_____

_____

29. 某变电所的输出电压为 220 V，额定视在功率为 220 kV·A。如果给电压为 220 V、功率因数为 0.75、额定功率为 33 kW 的单位供电。

（1）能供给几个这样的单位？

（2）若把功率因数增大到 0.9,能供给几个这样的单位?

_____

_____

_____

30. 为了求出一个线圈的参数,在线圈两端接入频率为 50 Hz 的交流电源,测得线圈两端的电压为 150 V,通过线圈的电流为 3 A,线圈消耗的有功功率为 360 W。请问此线圈的电感和电阻分别为多少? 请绘制测量线圈参数的电路图。

_____

_____

_____

31. 一个 $R=80\ \Omega$ 的电阻和一个阻抗为 $|Z|$ 的线圈串联,接入电压 $U=40$ V 的交流电路,这时电阻两端的电压 $U_R=20$ V,线圈两端的电压 $U=30$ V,求:

（1）电阻消耗的功率;

（2）线圈消耗的功率;

（3）整个电路的功率因数。

_____

_____

_____

32. 已知某正弦交流电压为 $u=311\sin\left(100\pi t+\dfrac{\pi}{3}\right)$ V,请写出该交流电压的最大值 U_m、有效值 U、频率 f 和初相位 φ_0。

_____

_____

_____

33. 已知某正弦电流为 $i_1=220\sin\left(100\pi t+\dfrac{\pi}{6}\right)$ A, $i_2=311\sin\left(100\pi t-\dfrac{\pi}{3}\right)$ A,请利用相位差求解它们之间的相位关系。

_____

_____

_____

34. 某同学在实验中把一个电灯接入 $u=220\sqrt{2}\sin(\omega t)$ V 的电源,正常工作时测得电灯的电阻为 484 Ω,计算该电灯正常工作时的有功功率。

_____

_____

_____

35. 电工实训课上,某同学想验证纯电感电路中电流与电压的关系,他参照图 3-21 安装了一个实际电路,已知 $L=10$ mH,电源电压为 $u=141\sin\left(100\pi t+\dfrac{\pi}{6}\right)$ V,完成下列任务:

(1) 求线圈中电流的有效值;

(2) 写出瞬时电流的表达式;

(3) 请画出电流与电压的矢量图;

(4) 求无功功率。

_____

_____

_____

36. 在电工实训课上,某位同学想验证 RLC 串联电路中电流与电压的关系,他参照图 3-22 安装了一个实际电路,已知 $R=30$ Ω,$L=445$ mH,$C=32$ μF,电源电压 $u=220\sqrt{2}\sin\left(314t+\dfrac{\pi}{3}\right)$ V,完成下列任务:

(1) 计算电路中的电流;

(2) 计算电流与电压的相位差;

(3) 分别计算电阻、电感和电容的电压。

_____

_____

_____

_____

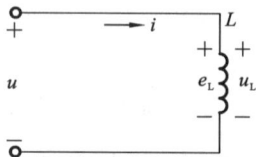

图 3-21   问答题与计算题 35 图

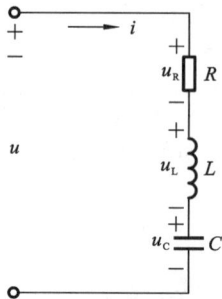

图 3-22   问答题与计算题 36 图

37. 把一个 100 Ω 的电阻性负载接入 $u=311\sin(314t+30°)$ V 的电源,完成下列任务:

(1) 写出负载中瞬时电流的表达式;

(2) 请画出电流与电压的矢量图。

_____

_____

_____

_____

38. 线圈的电感为 0.25 H,电阻可忽略不计,把它接入频率为 50 Hz,电压为 220 V 的交流电源,完成下列任务:

(1) 求通过线圈的电流;

(2) 若以电压作为参考,写出瞬时电流的表达式;

(3) 请画出电流与电压的矢量图。

_____

_____

_____

_____

39. 把一个 2 μF 的电容接入交流电压为 $u = 311\sin(314t + 30°)$ V 的电源,完成下列任务:

(1) 计算通过电容的电流;

(2) 写出瞬时电流的表达式;

(3) 请画出电流与电压的矢量图。

_____

_____

_____

_____

40. 在一个 RLC 串联电路中,已知电阻为 8Ω,感抗为 10 Ω,容抗为 4 Ω,电路的端电压为 220 V,完成下列任务:

(1) 求电路的总阻抗、电流,各元件两端的电压;

(2) 分析电流和端电压的关系;

(3) 请画出电流和电压的矢量图。

_____

_____

_____

_____

41. 线圈在均匀磁场中转动时,在哪些位置的感应电动势最大?在哪些位置的感应电动势为"0"?

_____

42. 线圈在只有 1 对磁极的磁场中转动 1 周,感应电动势变化 1 次;在有 2 对磁极的磁场中转动 1 周,感应电动势变化几次? 在有 4 对磁极的磁场中转动 1 周,感应电动势变化几次?

43. 一个正弦交流电流在 $t=0$ 时,i 的瞬时电流为 $i_0=1$ A,其初相 $\varphi_0=\dfrac{\pi}{6}$,试求该正弦交流电的有效值 I_0。

44. 已知 $u_1=220\sqrt{2}\sin\left(100\pi t-\dfrac{\pi}{4}\right)$ V,$u_2=110\sqrt{2}\sin\left(314t+\dfrac{\pi}{4}\right)$ V。

(1) 求各正弦量的振幅有效值、频率、角频率、周期、初相及两者间的相位差;

(2) 请画出 U_1 与 U_2 的波形图。

45. 在电阻 $R=100$ Ω 的电路上,加上 $u=311\sin(314t+30)$ V 的电压。

(1) 求该电路中电流的有效值及电流的解析式;

(2) 请画出相量图。

46. 如图 3-23 所示,加在 a、b 两端交流电压的最大值为 311 V,电阻 $R=240$ Ω,求电压表和电流表的读数。

47. 把电感为 $100~\mu H$ 的线圈接入 $u=220\sqrt{2}\sin\left(100\pi t+\dfrac{\pi}{6}\right)$ V 的电源,完成下列任务:

(1) 求线圈中电流的有效值;

(2) 写出瞬时电流的表达式;

(3) 请画出电流与电压相应的相量图。

_____

_____

_____

_____

48. 如图 3-24 所示,已知 $L=63.5~\mu H$,$u=141\sin(314t)$ V,完成下列任务:

(1) 求电流表、电压表的读数;

(2) 写出瞬时电流的表达式。

_____

_____

_____

_____

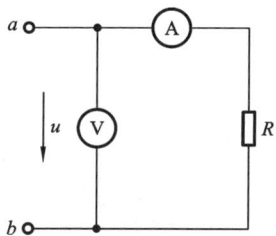

图 3-23　问答题与计算题 46 图　　　　**图 3-24**　问答题与计算题 48 图

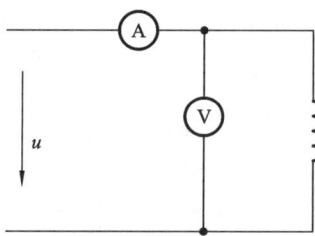

49. 若在一个 $10~\mu F$ 的电容上加有电压 $u=150\sin(314t)$ V,完成下列任务:

(1) 求容抗;

(2) 求电流的有效值;

(3) 写出瞬时电流的表达式;

(4) 请画出电流与电压的相量图。

_____

_____

_____

_____

50. 两个正弦交流电流的解析式分别为 $i_1=10\sqrt{2}\sin\left(100\pi t-\dfrac{\pi}{6}\right)$ A,$i_2=10\sin\left(100\pi t+\dfrac{2\pi}{3}\right)$ A,完成下列任务:

(1) 试分别求出它们的振幅、有效值、角频率、周期、初相及相位差；

(2) 请画出 i_1、i_2 的波形图。

_____

_____

_____

_____

51. 把一个电阻为 2Ω，电感为 48 mH 的线圈接入 $u=110\sqrt{2}\sin\left(314t+\dfrac{\pi}{2}\right)$ V 的交流电源，完成下列任务：

(1) 求线圈中电流的大小；

(2) 写出线圈中电流的解析式；

(3) 作出线圈中电流与电压的相量图。

_____

_____

_____

_____

52. 一个线圈和一个电容串联，已知线圈的电阻 $R=40\ \Omega$，$L=254$ mH，电容 $C=63.7\ \mu$F，外加电压 $u=311\sin\left(100\pi t+\dfrac{\pi}{4}\right)$ V，完成下列任务：

(1) 求电路的阻抗；

(2) 写出电流的有效值及瞬时值的表达式；

(3) 求 U_R、U_L、U_C；

(4) 求有功功率、无功功率、视在功率及功率因数。

_____

_____

_____

_____

练习四

三相正弦交流电路

一、单项选择题

1. 在 RLC 串联电路中,端电压与电流的相量图如图 4-1 所示,这个电路是（　　）。

A. 电阻性电路　　　B. 电容性电路　　　C. 电感性电路　　　D. 纯电感电路

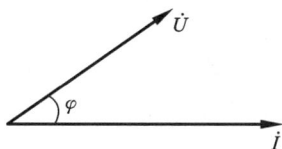

图 4-1　单项选择题 1 图

2. 在三相四线制供电系统中,线电压为相电压的（　　）。

A. $\sqrt{3}$倍　　　　B. $\sqrt{2}$倍　　　　C. $1/\sqrt{3}$倍　　　　D. $1/\sqrt{2}$倍

3. 三相负载接入三相电源,若电源线电压是各相负载的额定电压的$\sqrt{3}$倍,应作（　　）连接。

A. 星形　　　　B. 三角形　　　　C. 开口三角形　　　　D. 双星形

4. 已知对称三相电源的相电压 $u=10\sin(\omega t+60°)$V,相序为 U-V-W,则当电源作星形连接时,线电压 u_{AB} 为（　　）。

A. $17.32\sin(\omega t+90°)$

B. $10\sin(\omega t+90°)$

C. $17.32\sin(\omega t-30°)$

D. $17.32\sin(\omega t+150°)$

5. 对称正序三相电压源作星形连接,若相电压 $u=100\sin(\omega t-60°)$V,则线电压 u_{AB} 为（　　）V。

A. $100\sqrt{3}\sin(\omega t-30°)$

B. $100\sqrt{3}\sin(\omega t-60°)$

C. $100\sqrt{3}\sin(\omega t-150°)$

D. $100\sqrt{3}\sin(\omega t-150°)$

6. 三相对称负载接成三角形连接时,若某相的线电流为 1 A,则三相线电流的矢量和为（　　）。

A. 3　　　　　B. $\sqrt{3}$　　　　　C. $\sqrt{2}$　　　　　D. 0

7. 关于三相对称电动势,下面说法正确的是(　　)。

A. 它们同时达到最大值　　　　　　B. 它们达到最大值的时间依次落后 1/3 周期

C. 它们的周期相同,相位也相同　　D. 它们因为空间位置不同,所以最大值也不同

8. 在三相对称电动势中,若 e_1 的有效值为 100 V,初相为 0,角频率为 ω,则 e_2、e_3 可分别表示为(　　)。

A. $e_2=100\sin(\omega t)$ V,$e_3=100\sin(\omega t)$ V

B. $e_2=100\sin(\omega t-120°)$ V,$e_3=100\sin(\omega t+120°)$ V

C. $e_2=100\sqrt{2}\sin(\omega t-120°)$ V,$e_3=100\sqrt{2}\sin(\omega t+120°)$ V

D. $e_2=100\sqrt{2}\sin(\omega t+120°)$ V,$e_3=100\sqrt{2}\sin(\omega t-120°)$ V

9. 三相动力供电线路的电压为 380 V,则任意两根相线之间的电压称为(　　)。

A. 相电压,有效值为 380 V　　　　B. 线电压,有效值为 220 V

C. 线电压,有效值为 380 V　　　　D. 相电压,有效值为 220 V

10. 在对称三相四线制电路中,若端线上的一个熔体熔断,则熔体两端的电压为(　　)。

A. 线电压　　　　　　　　　　　　B. 相电压

C. 相电压+线电压　　　　　　　　D. 线电压的一半

11. 某三相电路中的三个线电流分别为 $i_1=18\sin(\omega t+30°)$ A,$i_2=18\sin(\omega t-90°)$ A,$i_3=18\sin(\omega t+150°)$ A,当 $t=7$ s 时,这三个电流之和 $i=i_1+i_2+i_3$ 为(　　)。

A. 18 A　　　　B. $18\sqrt{2}$ A　　　　C. $18\sqrt{3}$ A　　　　D. 0

12. 在三相四线制电路上,连接三个相同的电灯,它们都正常发光,如果中性线断开,则(　　)。

A. 三个电灯都将变暗　　　　　　　B. 电灯将因过亮而烧毁

C. 仍能正常发光　　　　　　　　　D. 立即熄灭

13. 在单项选择题 12 中,若中性线断开且又有一相断路,则未断路的其他两相中的电灯(　　)。

A. 将变暗　　　B. 因过亮而烧毁　　　C. 仍能正常发光　　　D. 立即熄灭

14. 在相同的线电压作用下,同一台三相异步电动机作三角形连接所消耗的功率是作星形连接消耗的功率的(　　)。

A. $\sqrt{3}$ 倍　　　　B. 1/3　　　　C. $1/\sqrt{3}$　　　　D. 3 倍

15. 三根额定电压为 220 V 的电热丝,接入线电压为 380 V 的三相电源,最佳的连接方式是(　　)。

A. 三角形连接　　　　　　　　　　B. 星形连接并在中性线上装熔断器

C. 三角形连接、星形连接都可以　　D. 星形连接且无中性线

16. 如图 4-2 所示,接入三相交流电路的三个规格相同的电灯都能正常发光,现将 K_3 断开,则 EL_1、EL_2 将(　　)。

A. 烧毁其中一个或都烧毁　　　　　B. 不受影响,仍正常发光

C. 都略微增亮一些　　　　　　　　D. 都略微变暗一些

17. 如图 4-3 所示,接入三相交流电路中的各电阻丝 R_1、R_2、R_3、R_4 的电阻都相同,变压器都是变压比为 2 的降压变压器,这些电阻丝按消耗功率大小的顺序排列(从大到小)应为( )。

A. R_1,R_2,R_3,R_4 B. R_4,R_3,R_2,R_1 C. R_4,R_2,R_3,R_1 D. R_3,R_1,R_4,R_2

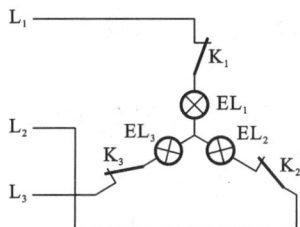

图 4-2　单项选择题 16 图

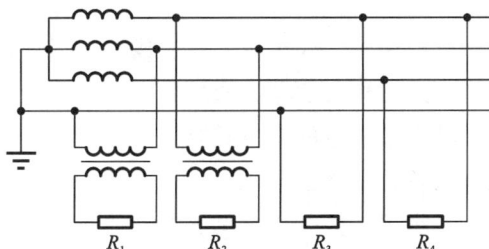

图 4-3　单项选择题 17 图

18. 如图 4-4 所示,这样的变压器称为( )。

A. 电压互感器   B. 自耦变压器   C. 电流互感器   D. 多绕组变压器

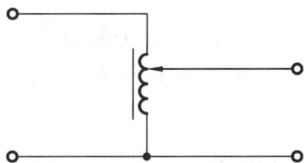

图 4-4　单项选择题 18 图

19. 变压器铭牌上标明"220 V/36 V,300 V·A",下面哪一种规格的电灯接在此变压器二次侧电路中能正常工作( )。

A. 36 V,500 W   B. 36 V,60 W   C. 12 V,60 W   D. 220 V,300 W

二、判断题

1. 交流电压表测得交流电压为 220 V,则此交流电压的最大值是 $220\sqrt{3}$ V。　　( )
2. 交流电表测得交流电的数值是平均值。　　( )
3. 电感性负载总电压落后电流 $\pi/2$。　　( )
4. 只有在纯电阻电路中,端电压与电流的相位差才为零。　　( )
5. 三相对称电动势在任意瞬时值的代数和为零。　　( )
6. 三相四线制的相电压对称,但线电压不对称。　　( )
7. 三相交流电源的相电压总是大于线电压。　　( )
8. 三相四线制电源供电时,中性线电流为零。　　( )
9. 在三相四线制电路中,电源的线电压等于相电压。　　( )
10. 相电压的方向规定由绕组的末端指向始端。( )
11. 三相交流发电机的相电压是对称的,线电压也是对称的。( )
12. 各相线与中性线之间的电压称为线电压。( )

13. 电源不变时,对称三相负载连接成三角形时的线电流是星形连接时的 $\sqrt{3}$ 倍。（　　）

14. 对于三相电路,各相电流和各相电压的关系都可以用单相的方法来计算。（　　）

15. 三相电路中各相电路功率的计算方法与单相电路的计算方法相同。（　　）

16. 当三相电源的线电压一定时,同一组对称负载作三角形连接时消耗的功率为星形连接的 3 倍。（　　）

17. 三相对称负载作星形连接或三角形连接时,总有功功率的表达式相同。（　　）

18. 对称三相电动势的瞬时值之和为 0。（　　）

19. 把三相绕组的末端连接在一起,形成一个公共点 N,然后从三个始端引出三根导线的连接方式称为星形连接。（　　）

20. 中性线是从中性点引出的导线。（　　）

21. 三相四线制供电系统只能提供一组对称电压。（　　）

22. 在三相四线制电路中,若相电压为 220 V,则电路线电压为 311 V。（　　）

23. 相电压的参考方向规定为由相线指向中性线。（　　）

24. 三角形连接是把三相绕组的首端和末端依次相接,使其形成闭合回路,再从这三个首端引出三根相线。（　　）

25. 当三相绕组作三角形连接时,线电压等于相电压。（　　）

26. 三相对称电源输出的线电压与中性线无关,它总是对称的,也不因负载是否对称而变化。（　　）

27. 三相四线制电路中性线上的电流是三相电流之和,因此中性线上的电流一定大于每根相线上的电流。（　　）

28. 两根相线之间的电压称为相电压。（　　）

29. 三相负载作星形连接时,无论负载对称与否,线电流必定等于对应负载的相电流。（　　）

30. 三相负载作三角形连接时,无论负载对称与否,线电流必定是负载相电流的 $\sqrt{3}$ 倍。（　　）

31. 相线上的电流称为线电流。（　　）

32. 一台三相电动机,每个绕组的额定电压为 220 V,三相电源的线电压为 380 V,则这台电动机的绕组应作星形连接。（　　）

33. 照明灯开关一定要连接在相线上。（　　）

34. 三相对称电动势任意瞬间的代数和为零。（　　）

35. 三相四线制电路中性线的作用是保证负载不对称时,相电流对称。（　　）

36. 在三相功率计算式 $P = \sqrt{3}U_L I_L \cos\varphi$ 中,φ 是指线电压与线电流之间的相位差。（　　）

37. 在三相对称交流电路中,负载消耗的功率与负载的连接方式无关。（　　）

38. 当三相负载作星形连接时,负载越接近对称,中性线上的电流就越小。（　　）

39. 一台三相电动机,每相绕组的额定电压为 220 V,三相电源的线电压为 380 V,则这台电动机的绕组应连接成三角形。（　　）

40. 在单项选择题 39 中,若三相电源的线电压为 220 V,则电动机的绕组应连接成星形。

（　　）

41. 三相交流电源是由频率、有效值、相位都相同的三个单相交流电源按一定方式组合起来的。

（　　）

三、填空题

1. 已知一正弦交流电流 $i = 3\sin\left(314t - \dfrac{\pi}{4}\right)$ A,则该交流电的最大值为＿＿＿＿＿＿,有效值为＿＿＿＿＿＿,频率为＿＿＿＿＿＿,周期为＿＿＿＿＿＿,初相位为＿＿＿＿＿＿。

2. 在交流电路中,P 称为＿＿＿＿＿＿,单位为＿＿＿＿＿＿,它是电路中元件消耗的功率,Q 称为＿＿＿＿＿＿,单位为＿＿＿＿＿＿,它是电路中＿＿＿＿＿＿或＿＿＿＿＿＿元件与电源进行能量交换时瞬时功率的最大值;S 称为＿＿＿＿＿＿,单位为＿＿＿＿＿＿,它是＿＿＿＿＿＿提供的总功率。

3. 纯电阻电路的功率因数为＿＿＿＿＿＿,纯电感电路的功率因数为＿＿＿＿＿＿,纯电容电路的功率因数为＿＿＿＿＿＿。

4. 在 RLC 串联电路中,已知电流为 5 A,电阻为 30 Ω,感抗为 40 Ω,容抗为 80 Ω,电阻的阻抗为＿＿＿＿＿＿,该电路称为＿＿＿＿＿＿性电路;电阻上的平均功率为＿＿＿＿＿＿,无功功率为＿＿＿＿＿＿;电感上的平均功率为＿＿＿＿＿＿,无功功率为＿＿＿＿＿＿;电容上的无功功率＿＿＿＿＿＿。

5. 三相对称电动势的频率,最大值为＿＿＿＿＿＿,相位为＿＿＿＿＿＿。若 U 相的瞬时值表达为 $e_U = 220\sqrt{2}\sin(314t - 30°)$ V,则 $e_V = $＿＿＿＿＿＿,$e_W = $＿＿＿＿＿＿。

6. 将三相绕组的＿＿＿＿＿＿端连接成一个公共点 N,＿＿＿＿＿＿与负载相连的连接方式,称为星形（Y 形）连接。公共点 N 称为＿＿＿＿＿＿,从 N 点引出的一根线称为＿＿＿＿＿＿。从绕组的三个始端分别引出的导线称为＿＿＿＿＿＿。

7. 在低压配电系统中采用＿＿＿＿＿＿输电方式,称为三相四线制。高压输电时去掉中性线的输电方式称为＿＿＿＿＿＿。三相四线制供电系统可以提供两种电压:＿＿＿＿＿＿和＿＿＿＿＿＿。

8. 将三相交流发电机每一相绕组的＿＿＿＿＿＿端和另一相绕组的＿＿＿＿＿＿端依次相连,形成闭合回路的连接方式,称为三角形连接或△连接。绕组作三角形连接时线电压＿＿＿＿＿＿相电压。

9. 各相阻抗相同的三相负载称为＿＿＿＿＿＿负载;反之称为＿＿＿＿＿＿负载。

10. 对称三相负载作星形连接时,电源线电压和负载相电压的关系为＿＿＿＿＿＿,线电流和相电流的关系为＿＿＿＿＿＿;对称三相负载作三角形连接时,电源的线电压和负载的相电压的关系为＿＿＿＿＿＿,线电流和相电流的关系为＿＿＿＿＿＿。

11. 相电流是指＿＿＿＿＿＿,用＿＿＿＿＿＿表示,规定其方向＿＿＿＿＿＿。线电流是指＿＿＿＿＿＿,用＿＿＿＿＿＿表示,规定其方向＿＿＿＿＿＿。流过中性线的电流称为＿＿＿＿＿＿,用表示＿＿＿＿＿＿,规定其方向＿＿＿＿＿＿。

12. 三相负载星形连接,每相负载承受电源的＿＿＿＿＿＿。

13. 对称三相电路作星形连接,若相电压为 $u=220\sin(\omega t-60°)$ V,则线电压 $u_{AB}=$ _____。

14. 在三相电路中,线电压为 250 V,线电流为 400 A,则三相电源的视在功率为 _____。

15. 电动机绕组采用三角形连接接入 380 V 三相四线制供电系统,其中三个相电流均为 10 A,功率因数为 0.1,则其有功功率为 _____。

16. 在三相正序电源中,若 U 相电压 u_U 初相角为 45°,则线电压 u_{UV} 的初相角为 _____。

17. 三相对称电动势的特点是最大值相等、频率相同、相位上互差_____。

18. 当三相对称负载的额定电压等于三相电源的线电压时,则应将负载接成 _____。

19. 当三相对称负载的额定电压等于三相电源的相电压时,则应将负载接成 _____。

20. 三相电源的线电压对应相电压_____30°,且线电压等于相电压的 _____倍。

21. 在三相对称负载三角形连接的电路中,线电压为 220 V,每相电阻均为 110 Ω,则相电流 $I_P=$ _____,线电流 $I_L=$ _____。

22. 三相交流电源是三个单相电源按一定方式进行的组合,这三个单相交流电源的 _____、_____、_____。

23. 三相四线制供电系统是由 _____ 和 _____ 组成的供电系统,其中相电压是指 _____ 间的电压;线电压是指 _____ 间的电压,且 $U_L=$ _____ U_P。

24. 若对称的三相交流电压 $u_1=220\sqrt{2}\sin(\omega t-60°)$ V,则 $u_2=$ _____ V,$u_3=$ _____ V,$u_{12}=$ _____ V。

25. 目前我国低压三相四线制电路供给用户的线电压为 _____ V,相电压为 _____ V。

26. 对于任何一个电气设备,都要求每相负载所承受的电压等于它的额定电压。所以,当负载的额定电压为三相电源的线电压的 $1/\sqrt{3}$ 时,负载应采用 _____ 连接;当负载的额定电压等于三相电源的线电压时,负载应采用 _____ 连接。

27. 三相不对称负载作星形连接时,中性线的作用是使负载的相电压等于电源的 _____,从而保持三相负载电压总是 _____,使各相负载正常工作。

28. 星形连接的对称三相负载,每相电阻为 24 Ω,感抗为 32 Ω,接入线电压为 380 V 的三相电源,则负载的相电压为 _____ V,相电流为 _____ A,线电流为 _____ A。

29. 有一台三角形连接的三相异步电动机,满载时电阻为 80 Ω,感抗为 60 Ω,由线电压为 380 V 的三相电源供电,则负载相电流为 _____ A,线电流为 _____ A,电动机的功率为 _____。

30. 在电源中性线不接地的电力网中,应将电气设备的金属外壳用导线与_____连接起来,称为_____;而在电源中性线接地的电力网中,应将电气设备的金属外壳用导线与_____连接起来,称为_____。

31. U、V、W 是三相交流发电机的三相绕组,它们的电阻可忽略不计,每相绕组产生的感应电动势可表示为 $e_1 = 311\sin(314t)$ V,$e_2 = 311\sin(314t-120°)$ V,$e_3 = 311\sin(314t+120°)$ V。负载由三个相同的电灯组成,电路连接如图 4-5 所示。若电灯正常发光,可知电灯的额定电压为_____。

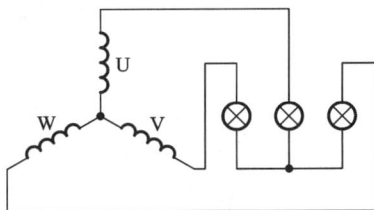

图 4-5 填空题 31 图

32. 工厂中一般动力电源电压为_____,照明电源电压为_____。_____以下的电压称为安全电压。

33. 在三相三线制电源或中性线不直接接地的电力网中,应将电气设备的金属外壳用_____连接起来,称为保护接地;而在三相四线制电路中性线直接接地的电力网中,应将电气设备的金属外壳用_____连接起来,称为保护接零。

34. 有一个三相对称负载接入线电压为 380 V 的三相对称电源,已知三相负载消耗的功率为 5700 W,每相负载的功率因数为 0.866,该负载属于感性负载,请填写表 4-1。

表 4-1 填空题 34 表

负载连接方式	线电流 I_L/A	相电流 I_P/A	相电压 U_P/V	负载参数		
				$|Z|$/Ω	R/Ω	X/Ω
星形连接						
三角形连接						

35. 有一个对称三相负载连接成星形,每相负载的阻抗为 22 Ω,功率因数为 0.8,测出负载中的电流为 10 A,则三相电路的有功功率为_____。如果负载改为三角形连接,且仍保持负载中的电流为 10 A,则三相电路的有功功率为_____。如果保持电源的线电压不变,负载改为三角形连接,则三相电路的有功功率为_____。

36. 有一个对称三相负载连接成三角形,测出线电压为 380 V,相电流为 10 A,负载的功率因数 0.8,则三相负载的有功功率为_____。如果负载改接成星形,调节电源的线电压,使相电流保持 10A 不变,则三相负载的有功功率为_____。

37. 在如图 4-6 所示的电路中,已知 $u_{12} = 380\sqrt{2}\sin(\omega t)$ V,$i_1 = 38\sqrt{2}\sin(\omega t-30°)$ A,如果负载为三角形连接,则每相阻抗为_____;如果负载为星形连接,则每相阻抗为____

_____。负载性质属于_____性,三相负载的有功功率为_____。

38. 三相交流发电机中的三相绕组作星形连接,相电压为 220 V,用三相四线制供电系统为图 4-7 所示的星形负载供电。已知每相负载是一个并联规格为"220 V,100 W"的电灯组,则相线 L_1 和相线 L_2 之间交流电压的最大值为_____,相电流为_____,线电流为_____,中性线中的电流为_____。若相线 L_1 发生断路,则其他两组电灯_____正常发光,这时中性线中的电流_____零。如果这时中性线又发生断路,则其他两组电灯_____正常发光,这时每组电灯的电压为_____。

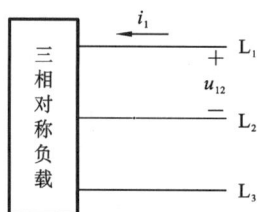

图 4-6 填空题 37 图

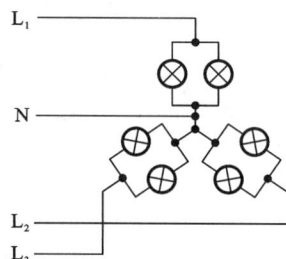

图 4-7 填空题 38 图

39. 如图 4-8 所示,若电压表 V_1 的读数为 380 V,则电压表 V_2 的读数为_____;若电流表 A_1 的读数为 10 A,则电流表 A_2 的读数为_____。

40. 如图 4-9 所示,若电压表 V_1 的读数为 380 V,则电压表 V_2 的读数为_____;若电流表 A_1 的读数为 10 A,则电流表 A_2 的读数为_____。

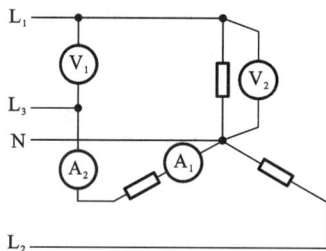

图 4-8 填空题 39 图

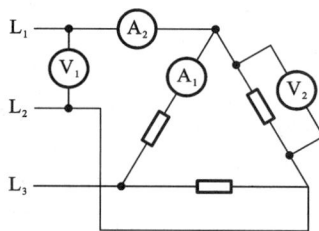

图 4-9 填空题 40 图

41. 同一个三相对称负载接入同一电网,作三角形连接时的线电流为_____,作星形连接时的电流为_____;作三角形连接时的三相有功功率为_____,作星形连接时的三相有功功率为_____。

42. 如图 4-10 所示,U、V、W 是三相交流发电机中三个线圈的始端,N 是三个线圈的末端,E、F、G 是三个相同的负载,照明电路中的三个电灯也相同,那么,E、F、G 中某个负载两端的电压与某个电灯两端的电压之比为_____。若 A_1 的读数为 I_1,A_2 的读数 I_2,则通过负载 E、F、G 的电流分别为_____、_____、_____,A_3 的读数为_____。

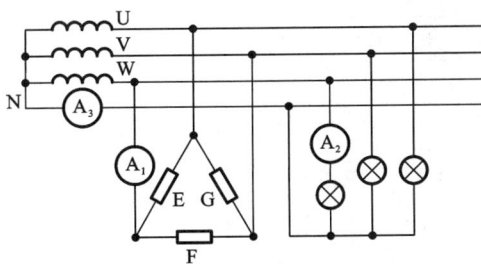

图 4-10　填空题 42 图

43. 对称三相电源绕组相电压为 220 V,若有一对称三相负载额定电压为 380 V,则电源的连接方式为_____。

44. 对称三相电路是指_____和_____都对称的电路。

四、问答题与计算题

1. 两正弦交流电流的解析式分别为 $i_1 = 10\sqrt{2}\sin\left(100\pi t - \dfrac{\pi}{6}\right)$ A,$i_2 = 10\sin\left(100\pi t + \dfrac{2\pi}{3}\right)$ A,完成下列任务:

(1) 试分别求出它们的振幅、有效值、角频率、周期、初相及相位差;

(2) 请画出 i_1、i_2 的波形图。

2. 把一个电阻为 20 Ω,电感为 48 mH 的线圈接入 $u = 110\sqrt{2}\sin\left(314t + \dfrac{\pi}{2}\right)$ V 的交流电源,完成下列任务:

(1) 求线圈中电流的大小;

(2) 写出线圈中电流的解析式。

3. 一个线圈和一个电容相串联,已知线圈的电阻 $R = 40$ Ω,$L = 254$ mH,电容 $C = 63.7$ μF,外加电压 $u = 311\sin\left(100\pi t + \dfrac{\pi}{4}\right)$ V,试求:

(1) 电路的阻抗;

(2) 电流的有效值及瞬时值的表达式;

(3) U_R、U_L、U_C 的值;

(4) 有功功率、无功功率、视在功率及功率因数。

_____
_____
_____
_____

4. 试述三相四线制供电系统中中性线的作用。

_____
_____
_____

5. 对称三相负载作星形连接,每相阻抗为 20 Ω,接入线电压为 380 V 的对称三相电源。试求相电压、相电流和线电流。

_____
_____
_____

6. 某对称三相负载每相电阻为 6 Ω,感抗为 8 Ω,接入线电压为 380 V 的对称三相电源,完成下列任务:

(1) 求负载作星形连接时的相电流、线电流和负载的总有功功率;

(2) 求负载作三角形连接时的相电流、线电流和负载的总有功功率。

_____
_____
_____
_____

7. 已知对称三相电源中 U 相瞬时电动势的表达式为 $e=220\sqrt{2}\sin\left(100\pi t+\dfrac{\pi}{6}\right)$ V,按习惯相序写出其余两相的瞬时电动势的表达式。

_____
_____
_____

8. 三相对称负载作星形连接,接入三相四线制对称电源,每相负载的电阻为 30 Ω,感抗为 40 Ω,电源的线电压为 380 V,试求负载的相电压、相电流和线电流。

_____
_____
_____

9. 在三相四线制电路中,已知电源的线电压为 380 V,三相对称负载每相负载的阻抗为

50 Ω。试求负载的相电压、相电流和线电流。

_____
_____
_____

10. 三相对称负载作三角形连接,每相负载的电阻为 80 Ω,感抗为 60 Ω,接入三相三线制对称电源,电源的线电压为 380 V,试求负载的相电压、相电流、线电流和总有功功率。

_____
_____
_____

11. 某三相对称负载接入线电压为 380 V 的三相电源,每相电阻为 40 Ω,感抗为 30 Ω,试分别计算负载作星形连接和三角形连接时的相电压、相电流、线电流和总有功功率。

_____
_____
_____

12. 某三相电动机的绕组作三角形连接,接入三相三线制对称电源,电源的线电压为 380 V。若负载的功率因数为 0.6,消耗的功率为 10 kW,试求每相的阻抗和相电流。

_____
_____
_____

13. 某三相电动机的绕组作星形连接,接入三相三线制对称电源,电源的线电压为 380 V。若负载的功率因数为 0.6,消耗的功率为 10 kW,试求每相的阻抗和相电流。

_____
_____
_____

14. 三角形连接的三相对称负载,接入三相三线制对称电源,每相负载的电阻为 60 Ω,感抗为 80 Ω,电源的线电压为 380 V,求相电流、线电流和总有功功率。

_____
_____
_____

15. 在三相四线制供电系统中,中性线的电流等于多少?

_____

_____

_____

16. 测得三角形连接负载的三个线电流均为 10 A,能否认为线电流和相电流都是对称的? 若负载对称,求相电流 I_P。

_____

_____

_____

17. 已知星形连接负载每相电阻为 10 Ω,对称线电压的有效值为 380 V,求此负载的相电流。

_____

_____

_____

18. 在低压供电系统中,为什么采用三相四线制? 中性线上为什么不准装熔断器或开关?

_____

_____

_____

19. 星形连接的三相对称负载,每相负载的电阻为 24 Ω,感抗为 32 Ω,将其接入线电压为 380 V 三相电源,求相电压和线电流。

_____

_____

_____

20. 如图 4-11 所示的负载为星形连接的对称三相电路,电源的线电压为 380 V,每相负载的电阻为 82 Ω,电抗为 62 Ω,完成下列任务:

(1) 在正常情况下,求每相负载的相电压和相电流;

(2) 当第三相负载短路时,求其余两相负载的相电压和相电流;

(3) 当第三相负载断路时,求其余两相负载的相电压和相电流。

_____

_____

_____

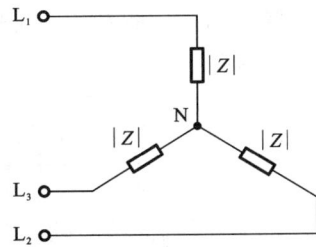

图 4-11 问答题与计算题 20 图

21. 已知某三相电源的相电压为 6 kV,如果绕组接成星形,它的线电压为多少? 如果已知 $u_1 = U_m \sin(\omega t)$ V,写出所有的相电压和线电压的解析式。

_____

_____

_____

22. 三相对称负载作星形连接,接入三相四线制对称电源,电源的线电压为 380 V,每相负载的电阻为 60 Ω,感抗为 80 Ω,求负载的相电压、相电流和线电流。

_____

_____

_____

23. 在图 4-12 所示的三相四线制供电系统中,已知线电压为 380 V,每相负载的阻抗为 22 Ω,完成下列任务:

(1) 求负载两端的相电压、相电流和线电流;

(2) 当中性线断开时,求负载两端的相电压、相电流和线电流;

(3) 当中性线断开而且第一相短路时,求负载两端的相电压和相电流。

_____

_____

_____

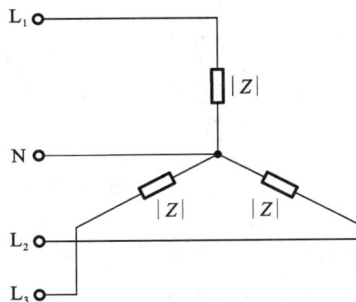

图 4-12 问答题与计算题 23 图

24. 作三角形连接的对称负载,接入三相三线制的对称电源,电源的线电压为 380 V,每相负载的电阻为 60 Ω,感抗为 80 Ω,求相电流和线电流。

_____

_____

_____

_____

25. 某幢大楼均用荧光灯照明,所有负载对称地接入三相电源,每相负载的电阻为 6 Ω,感抗为 8 Ω,相电压为 220 V,求负载的功率因数和所有负载消耗的有功功率。

_____

_____

_____

26. 单相电源插座和插头为什么有三根线?是哪三根线?它们与电源是怎样连接的?

_____

_____

_____

_____

27. 在图 4-13 所示的三相四线制照明电路中,设 L_1 连接 4 个规格为"220 V,25 W"的电灯,L_2 连接 3 个规格为"220 V,100 W"的电灯,L_3 未连接负载,这时接通的电灯都正常发光。如果不慎中性线在 a 处断开了,这两组电灯还能否正常发光?会出现什么现象?试对此进行说明。

_____

_____

_____

_____

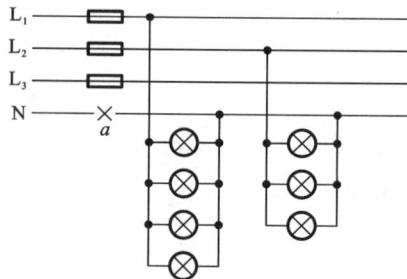

图 4-13　问答题与计算题 27 图

28. 在图 4-14 所示的电路中,发电机每相电压为 220 V,每个电灯的额定电压都为 220 V。指出图 4-14 中的连接错误,并说明错误的原因。

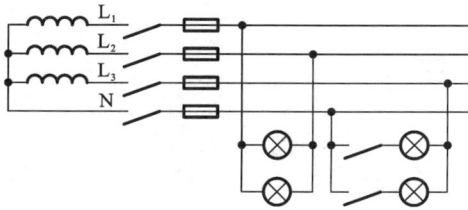

图 4-14 问答题与计算题 28 图

29. 指出下列各结论中,哪个是正确的? 哪个是错误的? 为什么?

(1) 负载作星形连接时,线电流必等于相电流;

(2) 负载作三角形连接时,线电流必等于相电流的 $\sqrt{3}$ 倍;

(3) 三相负载越接近对称,中性线的电流就越小;

(4) 三相对称负载无论作星形连接或三角形连接,其总功率均为 $P = \sqrt{3}U_L I_L \cos\varphi_P$。

30. 有一个三相电阻炉接入线电压为 380 V 的交流电路,电阻炉每相电阻丝的电阻均为 5 Ω,试分别求出此电阻炉作星形连接和三角形连接时的线电流和功率,并加以比较。

31. 图 4-15 所示的电路是三相对称三角形负载,每相阻抗为 100 Ω,线电压为 120 V。求开关 K 闭合和断开时各电流表的读数。

32. 在图 4-16 中,对称负载连接成三角形,已知电源的线电压为 220 V,三个电流表的读数均为 17.3 A,三相功率均为 4.5 kW,求每相负载的电阻和感抗。

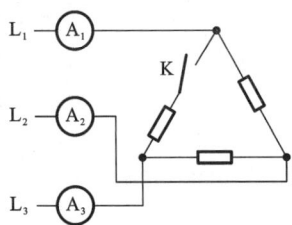

图 4-15　问答题与计算题 31 图

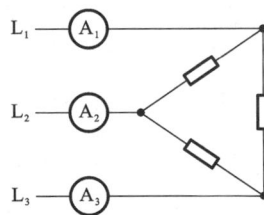

图 4-16　问答题与计算题 32 图

33. 某工厂要制作一个 12 kW 的三相电阻加热炉,已知电源的线电压为 380 V,它供给的最大电流为 20 A,而库存的镍铬电阻丝的额定电流为 12 A,完成下列任务:

(1) 当使用这种电阻丝时,有几种连接方式?

(2) 当采用不同的连接方式时,每相电阻为多少?

(3) 请说明哪种连接方式最省材料。

34. 如图 4-17 所示,指出电路中各负载的连接方式和电源的供电方式。

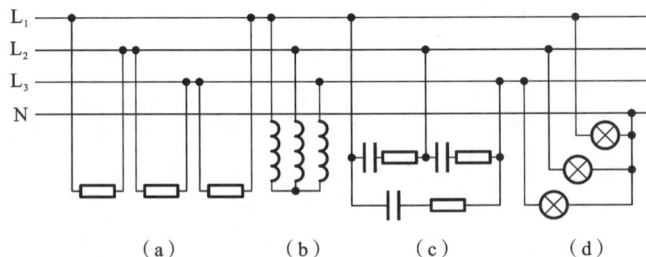

图 4-17　问答题与计算题 34 图

35. 有一三相对称负载,每相负载的电阻为 80 Ω,电抗为 60 Ω,在下列两种情况下:

(1) 负载连成星形,接入线电压为 380 V 的三相电源;

(2) 负载连成三角形,接入线电压为 380 V 的三相电源。

求负载上通过的电流、相线上的电流和电路消耗的功率。

36. 完成下列任务：

(1) 有三根额定电压为 220 V、功率为 1 kW 的电热丝，接入线电压为 380 V 的三相电源，应采用何种接法？

(2) 如果这三根电热丝的规格均为"380 V，1 kW"，又该采用何种接法？

(3) 把(1)(2)所述的六根电热丝连接成一个电热器，接入线电压为 380 V 的三相电源，应如何连接(画出电路图)？ 这个电热器的功率为多少？

37. 电源和负载都是星形连接的对称三相电路，有中性线和没有中性线有差别吗？ 若电路不对称，则情况又怎样？ 为什么？

38. 已知三相交流电源的相电压 $U_{相} = 220$ V，求线电压 $U_{线}$。

39. 三相电源线电压 $U_1 = 380$ V，对称负载阻抗为 $Z = 40 + 30j$，完成下列任务：

(1) 若接成星形，则线电流 I_1 为多少？ 负载的吸收功率 P 为多少？

(2) 若接成三角形，则线电流 I_1 为多少？ 负载吸收功率 P 为多少？

40. 已知对称三相电源的线电压为 380 V，一个对称三相负载每相电阻为 8 Ω，感抗为 6 Ω，采用星形连接，求负载的电压、线电流、相电流。

41. 已知对称三相电源的线电压为 380 V,一个对称三相负载每相电阻为 44 Ω,若接成星形,求负载的电压、线电流、相电流。

练习五

安全用电

一、单项选择题

1. 选用指针式万用表的电压量程时,应尽量使指针指示在标尺满刻度的(　　)。

A. 前 1/3 段　　　B. 任意位置　　　C. 中间段　　　D. 后 1/3 段

2. 在使用万用表测量电阻前,首先要(　　)。

A. 选择量程　　　B. 电阻调零　　　C. 旋转到电压挡　　D. 旋转到电流挡

3. 在使用万用表测量 470 Ω 的电阻时,转换开关应选择的量程为(　　)。

A. $R\times1$　　　B. $R\times10$　　　C. $R\times1$ k　　　D. $R\times10$ k

4. 电路的下列状态中最有可能造成火灾的为(　　)。

A. 通路　　　B. 短路　　　C. 断路　　　D. 以上都对

5. 使用电流表时,正确的是(　　)。

A. 串联在电路中　　　　　　　B. 并联在电路中

C. "＋"插孔接低电位　　　　　D. 可以超量程测量

6. 一只小鸟停留在高压输电线上,却不会触电致死,这是因为(　　)。

A. 小鸟的电阻非常大　　　　　B. 小鸟两脚之间的电压很小

C. 小鸟的脚是绝缘体　　　　　D. 小鸟身体没有电流通过

7. 在低压供电系统中,人体发生单相触电时所承受的电压为(　　)。

A. 380 V　　　B. 330 V　　　C. 220 V　　　D. 36 V

8. 电磁炉通电后,如果发现冒烟或闻到烧焦的气味,应首先(　　)。

A. 开窗通风　　　B. 远离现场　　　C. 拨打"119"电话　　D. 切断电源

9. 某人触电后,发现有呼吸但无心跳,应立即采取(　　)。

A. 等待救援　　　　　　　　　B. 打强心针

C. 口对口人工呼吸抢救法　　　D. 人工胸外心脏按压抢救法

10. 发现有人触电时,第一步应做的事情是(　　)。

A. 联系医生　　　　　　　　　B. 迅速用正确的方法使触电者脱离电源

C. 马上做人工呼吸　　　　　　D. 迅速离开现场,防止触电

11. 关于跨步电压触电,说法正确的是(　　)。

A. 步距越大,跨步电压一定越大　　　　B. 离接地点越近,越安全

C. 可采取单脚跳方式跳出危险区域　　　D. 应迅速跑离危险区域

二、判断题

1. 万用表的电压、电流及电阻挡的刻度都是均匀的。　　　　　　　　　( )

2. 通常万用表黑表笔所对应的是内电源的正极。　　　　　　　　　　( )

3. 改变万用表电阻挡倍率后,测量电阻之前必须进行电阻调零。　　　( )

4. 用万用表测量电阻之前必须进行电阻调零。　　　　　　　　　　　( )

5. 在熔丝熔断后,可以用铜丝代替。　　　　　　　　　　　　　　　( )

6. 由于设置了保护接地和保护接零,所以不用漏电保护器。　　　　　( )

7. 发现有人触电,除及时拨打"120"急救电话联系医务人员外,还需立即进行现场急救。

( )

8. 触电的种类有电击和电伤。　　　　　　　　　　　　　　　　　　( )

9. 触电对人体的伤害程度,与流过人体电流的频率、大小,通电时间的长短,电流流过人体的路径,以及触电者本身的情况有关。　　　　　　　　　　　　　　( )

三、填空题

1. 用万用表可测量电流、电压和电阻。测量电流时,应把万用表_____在被测电路中;测量电压时,应把万用表和被测电路_____;测量电阻前或每次更换转换开关挡位时,都应调节_____,并且应将被测电路中的电源_____。

2. 判断大容量电容的质量时,应将万用表拨到_____挡,倍率使用_____。当万用表的两个表笔分别与电容两端接触时,看到指针有一定偏转,并很快回到接近起始的位置,则说明该电容_____;如果看到指针偏转到零后不再返回,则说明电容内部_____。

3. 我国生活照明用电电压为_____V,其最大值为_____V。

4. 为防止发生触电事故,应注意开关一定要接在_____。此外,电气设备还常用两种防护措施,它们分别为_____和_____。

5. 安全电压是指_____以下的电压。

6. 任何电气设备或线路在未经验电、确认无电之前一律视为_____,电气设备停电后即使是事故停电,在未拉开相应刀开关和采取安全措施以前不得_____,以防突然来电。

7. 当电气设备发生火灾时,要立刻_____电源,然后使用 1211 灭火器或二氧化碳灭火器灭火,严禁用_____或_____灭火器灭火。

8. 触电的方式可分为三种:_____、_____和_____。

9. 安装漏电保护器时,_____必须连接漏电保护器,而_____不得连接漏电保护器。

10. 人体触电的类型主要为_____和_____。

11. 电击是触电者直接接触了设备的_____,电流通过_____,在电流达

到一定数值后,就会将人_____。

12. 电伤是指触电后_____的局部创伤,由于电流的_____、_____、_____,以及在电流的作用下,_____和_____的金属微粒侵袭人体_____而造成_____。

13. 单相触电是指人体触及_____或_____的电气设备外壳,此时人体承受的电压为_____,在低压供电系统中,其值为_____。

14. 两相触电是指人体的两个部位分别触及_____,此时加在人体触电部位两端的电压为_____,在低压供电系统中,其值为_____。

15. 跨步电压触电是指在_____或_____及_____或_____,有电流流入_____,电流在_____产生_____,当人体走近接地点时,两步之间就有_____,由此引起的触电事故称为跨步电压触电。

16. 跨步电压触电的步距越大、离接地点越近,_____也越大。已受到_____威胁者,应采取_____或_____迅速跳出危险区域。

17. 触电伤人的主要因素是_____,_____又取决于作用到人体上的_____和人体的_____。当通过人体的电流在_____以上时,就会导致_____、_____,甚至发生_____。电流流过_____或_____时,最容易造成_____事故。

18. 人体因触及带电体而承受_____,以致引起_____或_____的现象称为触电。触电对人体的_____与流过人体的_____、_____、_____、_____,以及触电者本身的情况有关。

19. 将电气设备正常情况下不带电的金属外壳通过接地装置与大地可靠地进行连接称为_____。当设备外壳因绝缘不好而带电,工作人员即使碰到机壳,也相当于人体与接地电阻_____,而人体电阻远比接地电阻_____,因此流过人体的电流极为_____,从而起到了_____。

20. 在正常情况下,电机、变压器及移动式用电器等较_____功率的电气设备的_____(或_____)都应保护接地。

21. 保护接零是指在_____接地的系统中,为防止因电气设备_____损坏而使人触电,将电气设备的_____与电源的_____(或称_____)相连接。

22. 在三相四线制供电系统中,_____必须有良好的接地。

23. 在零线线路中不能安装_____和_____,以防止零线断开时造成人身和设备事故。

24. 在同一电源上,不允许将一部分电气设备_____,而另一部分电气设备_____,否则将增加检查的难度,并可能导致电网的_____。

25. 在安装单相三孔插座时,正确的接法是:将插座上接_____的孔和_____的孔分别用导线_____到零线上,从而保证_____接点和_____接点等电位,且与_____电位相同。

26. 安全电压是指不致使人直接_____或_____的电压。我国规定的安全电压额定值的等级为_____V、_____V、_____V、_____V。当电气设备采用的电压超过安全电压时,必须按规定采取防止_____接触带电体的保护措施。

27. 引起电气火灾的原因很多,主要原因是_____或_____过载运行,供电线路_____引起_____、_____,造成设备过热、温升太高,引起绝缘纸、绝缘油等燃烧。

28. 为了防止电气火灾的发生,在制造电气设备和安装电气线路时,应选用具有一定_____以减少电气火源。一定要按照防火要求_____和_____电气产品,严格按照_____规定条件使用电气产品。

29. 导线和用电器在使用了一定时间之后都会发生_____,_____变差往往会引起短路,进一步会引发_____,所以应该及时更换电路中老化的导线,淘汰老化的用电器。

30. 电气火灾一旦发生,要立刻_____,然后使用_____灭火剂的灭火器(如1211灭火器、二氧化碳灭火器、干粉灭火器、四氯化碳灭火器等)灭火,严禁用水或泡沫灭火器灭火。

31. 触电事故发生后,首先应使触电者_____,并立即进行_____。

32. 触电事故发生后,可用_____触电者身上的电线,或者用_____电源回路,也可直接迅速_____或拔去电源插头,使触电者迅速_____。

33. 发现有人触电时,除及时拨打"_____"联系医务人员外,还需立即进行_____。急救的方法有_____抢救法和_____抢救法。

34. 若触电者呼吸停止,但心脏还有跳动,应立即采用_____。

35. 口对口人工呼吸抢救法简单五步要诀:_____。

36. 若触电者虽有呼吸但心脏停止跳动,应立即采用_____。

37. 人工胸外心脏按压抢救法要诀:_____。

38. 若触电者伤害严重,_____和_____都停止,或_____,应同时采用人工胸外心脏按压抢救法和口对口人工呼吸抢救法进行抢救。

39. 节约用电是指加强用电管理,采取技术上可行、经济上合理的节电措施,减少电能的_____和_____损耗,提高_____和_____。

40. 用电管理要扩大_____电价的使用范围,逐步提高_____,并降低_____;加速推广_____电价和_____电价,逐步拉大_____、_____电价差距;研究制定并推行_____电价。电力企业应当加强电力需求侧管理的宣传和组织推动工作,其所发生的有关费用可在_____费用中据实列支。

41. 单位产品电力消耗超过_____的,企业应该限期治理;未达到要求的或逾期不治理的,由县级以上人民政府节约用电主管部门提出处理建议,报请同级人民政府按照国务院规定的权限责令_____或者_____。

42. 新建或改建超过单位产品电耗_____的工程项目,由县级以上人民政府节约用电主管部门会同项目审批单位责令_____。新建或改建工程项目采用国家明令淘汰的_____的工艺、技术和设备的,由县级以上人民政府节约用电主管部门会同项目审批单位责令_____,并依法追究_____和_____的责任。生产、销售国家明令淘汰的_____的设备、产品的,或使用国家明令淘汰的_____工艺、技术和设备的,或将国家明令淘汰的_____的设备、产品转让他人使用的,按照《中华人民共和国节约能源法》的有关规定予以处罚。

43. 万用表一般可用来测量_____、_____、_____、_____和_____,是电气设备检修、试验和调试等工作中常用的测量工具。

44. 万用表的型号很多,主要由_____、_____、_____三部分组成,可分为_____式和_____式两类。

45. 指针式万用表的表头用以指示被测电量的数值。测量电路的作用是把被测电量_____。万用表的各测量种类及量程的选择是靠_____实现的,转换装置通常由_____、_____、_____等组成。

46. 指针式万用表的转换开关有_____触点和_____触点,位于_____,接通_____后,构成相应的_____。

47. 机械调零时,指针式万用表在使用前应_____,并检查指针是否在_____,若不指_____,则应用_____调整机械零位上的_____,使指针指到_____。

48. 指针式万用表在使用前,要接好表笔。将_____表笔的接线接到红色接线柱上(或插入"＋"插孔);_____表笔的接线应接到黑色接线柱上(或插入"－"插孔)。

49. 指针式万用表刻度盘有多个标度尺,它们分别适用于_____。所以不同的测量项目应在_____的标度尺上读数,不能混淆。

50. 使用指针式万用表测量电阻时,应读取最_____的标有"Ω"的的数字,然后_____的倍率。

51. 使用指针式万用表测量直流电压和直流电流时,应读取标有"_____"的_____和_____标度尺上的数字,其中_____数字是根据被测量的大小来选择的相应数字,所以力求_____而不必换算。

52. 使用指针式万用表测量交流电压时,应读取标有"_____"的第_____标度尺上的数字,其中_____数字是根据被测量的大小来选择相应数字的。

53. 使用指针式万用表测量电阻时,按照_____被测值,把转换开关转到标有"_____"符号的适当量程位置上,旋动旋钮使箭头指在_____栏的某挡上。选择挡位时,以示值尽可能在_____的位置为最佳。

54. 使用指针式万用表测量直流电阻时,面板上×1、×10、×100、×1k、×10k 的符号表示_____,把表头的读数_____,就是所测电阻。

55. 使用指针式万用表测量电阻时,将两表笔_____,旋转调零旋钮,使指针指在电阻刻度的"_____"刻度上。此项调整在每次_____时均应进行_____次。若将旋钮调到_____位置时,指针仍不能指到"_____"刻度点(在"_____"刻度点左侧,即_____的一侧),则说明该表的电池电压已不能满足要求,应更换电池。

56. 使用指针式万用表测量直流电阻时,用两表笔分别连接被测电阻的两端,指针指示一个读数,若示值过小或过大,则应将其调换成更_____挡位,再重新测量。测量读数_____=检测值(Ω)。

57. 使用指针式万用表测量电阻时,测量完毕后,若还需接着使用,则注意防止两表笔_____;若不接着使用,则将旋钮旋到_____。此操作是为了防止因疏忽大意,在测量_____时,忘记_____便直接测量,从而导致仪表烧毁。

58. 使用指针式万用表测量交流电压时,表笔_____正负极,所需量程由_____来决定,如果_____未知,可选用指针式万用表的_____,若指针偏转_____,再_____,直至合适的测量范围,即指针指在标度尺_____以上的位置。

59. 使用指针式万用表测量交流电压时,按照估计_____,选择_____挡位。如果测量三相电动机电源的线电压,其值应为 380 V 左右,则将旋钮旋到_____挡上。

60. 使用指针式万用表测量交流电压时,用两表笔分别连接_____。注意防止触电,测量时应穿_____或踩在与地_____,也可戴_____。

61. 使用指针式万用表测量交流电压时,按照所选挡位的数值选择与其乘以 10 为倍数的刻度线,其目的是_____。

62. 使用指针式万用表测量直流电压时,正、负极不能接错,"_____"插孔表笔接至被测电压的正极,"_____"插孔表笔接至被测电压的负极,不能接反,否则指针会因逆向偏转而_____。如果无法确定被测电压的正、负极,可选用_____,用两个表笔迅速碰触_____,通过观察指针的指向,判断被测电压的_____。

63. 使用指针式万用表测量直流电压时,按照估计被测电压值选择直流电压挡位,即将旋钮旋到_____某挡上。如果测量一节干电池,则应选择_____挡。确定被测电压的_____、_____极。根据所选_____和_____可求得被测电压值。

64. 使用指针式万用表测量直流电流时,将转换开关转到标有"_____"或"_____"符号的适当挡位。如果被测电流的大小未知,可将量程选定在_____位置,然后视_____选择适当挡位。

65. 使用指针式万用表测量直流电流时,注意指针式万用表测量直流电流时的最大量程一般为_____。

66. 使用指针式万用表测量直流电流时,按照估计被测电流值设置_____的位置。断开＿＿＿＿＿＿电路,并确定两断点的正、负极。"＿＿＿＿＿＿"表笔接电路正极,"＿＿＿＿＿＿"表笔接电路负极,即将指针式万用表＿＿＿＿＿＿在被测电路中。按照＿＿＿＿＿＿及指针指示的＿＿＿＿＿＿的读数,求得＿＿＿＿＿＿。将旋钮旋到＿＿＿＿＿＿最高挡处。

67. 使用指针式万用表选择测量种类时,若误用电流挡或电阻挡测量电压,轻则烧毁＿＿＿＿＿＿,重则烧毁＿＿＿＿＿＿。要选择适当量程,测量时最好使指针指在量程的＿＿＿＿＿＿到＿＿＿＿＿＿,读数较为准确。

68. 使用指针式万用表时,红表笔应插入"＿＿＿＿＿＿"插孔,黑表笔应插入"＿＿＿＿＿＿"插孔。在测量电阻时,注意指针式万用表内干电池的正极与面板上的"＿＿＿＿＿＿"插孔相连,干电池的负极是与面板上的"＿＿＿＿＿＿"插孔相连。

69. 使用指针式万用表时,当测量线路中的某一电阻时,线路＿＿＿＿＿＿,决不能在带电的情况下用指针式万用表的＿＿＿＿＿＿挡测量电阻,否则可能会烧坏万用表。

70. 使用指针式万用表测量电压时,表笔与被测电路＿＿＿＿＿＿联;测量电流时,表笔与被测电路＿＿＿＿＿＿联;测量电阻时,表笔与被测电阻的＿＿＿＿＿＿;测量晶体管、电容等时,应将＿＿＿＿＿＿。

71. 指针式万用表的表盘上有多个标度尺,应根据不同的测量对象,观察所对应的标度尺读数,同时要注意＿＿＿＿＿＿与＿＿＿＿＿＿的配合,进而得到正确的测量值。

72. 使用指针式万用表测量时,要注意手不能＿＿＿＿＿＿部分,以防止＿＿＿＿＿＿或影响测量结果。

73. 不能使用指针式万用表的＿＿＿＿＿＿挡直接测量检流计、表头(微安)、标准电池等仪器和仪表的内阻,否则很可能会损坏这些仪器和仪表。

74. 指针式万用表转换开关在欧姆挡时,不要把表笔＿＿＿＿＿＿,以免＿＿＿＿＿＿。

75. 较长时间不使用指针式万用表时,应取出表内＿＿＿＿＿＿。

76. 必须带电测量电压、电流时,应＿＿＿＿＿＿,并保持＿＿＿＿＿＿,不得＿＿＿＿＿＿。

77. 指针式万用表＿＿＿＿＿＿要检验一次,以确定其＿＿＿＿＿＿与＿＿＿＿＿＿。

78. 数字万用表采用＿＿＿＿＿＿转换器把被测＿＿＿＿＿＿的模拟量转换为＿＿＿＿＿＿量并送入＿＿＿＿＿＿,通过＿＿＿＿＿＿器变换成＿＿＿＿＿＿码,最后驱动显示器显示出相应的数值。

79. 数字万用表较指针式万用表有以下几个方面的优点:＿＿＿＿＿＿;＿＿＿＿＿＿;＿＿＿＿＿＿;便于携带;使用简单。

80. 使用数字万用表测量直流电压时,首先将黑表笔插入"＿＿＿＿＿＿"插孔,红表笔插入"＿＿＿＿＿＿"插孔。把旋钮旋到＿＿＿＿＿＿,接着把表笔接到＿＿＿＿＿＿或＿＿＿＿＿＿两端;保持接触稳定。数值可以直接从显示屏上读取,如果显示为"＿＿＿＿＿＿",则表明量程太小,就要加大量程后再进测量。如果在数值左边出现"＿＿＿＿＿＿",则表明表笔极性与实际电源极性相反,此时红表笔接的是负极。

81. 使用数字万用表测量交流电压时,首先将黑表笔插入"＿＿＿＿＿＿"插孔,红表笔插入"＿＿＿＿＿＿"插孔。把旋钮旋到＿＿＿＿＿＿,接着把表笔接到＿＿＿＿＿＿或＿＿＿＿＿＿两端。

82. 交流电压＿＿＿＿＿＿正、负之分。无论测量交流电压还是测量直流电压,都要注意＿＿＿＿＿＿,不要随便＿＿＿＿＿＿。

83. 使用数字万用表测量直流电流时,先将黑表笔插入"＿＿＿＿＿＿"插孔。若测量大于＿＿＿＿＿＿的电流,则要将红表笔插入"＿＿＿＿＿＿"插孔,并将旋钮旋到直流"＿＿＿＿＿＿"挡;若测量小于＿＿＿＿＿＿的电流,则将红表笔插入"＿＿＿＿＿＿"插孔,将旋钮旋到直流＿＿＿＿＿＿以内的合适量程。调整好后,就可以测量了。将数字万用表＿＿＿＿＿＿到电路中,保持稳定,即可读数。若显示为"＿＿＿＿＿＿",就要加大量程;若在数值左边出现"＿＿＿＿＿＿",则表明电流从＿＿＿＿＿＿笔流入数字万用表。

84. 使用数字万用表测量交流电流时,先将黑表笔插入"＿＿＿＿＿＿"插孔。若测量大于＿＿＿＿＿＿的电流,则要将红表笔插入"＿＿＿＿＿＿"插孔,并将旋钮旋到"＿＿＿＿＿＿"挡;若测量小于＿＿＿＿＿＿的电流,则将红表笔插入"＿＿＿＿＿＿"插孔,将旋钮旋到＿＿＿＿＿＿以内的合适量程。调整好后,就可以测量了。将数字万用表＿＿＿＿＿＿到电路中,保持稳定,即可读数。电流测量完毕后应将红笔插回"＿＿＿＿＿＿"插孔,若忘记这一步而直接测电压,就很可能会烧毁数字万用表。

85. 使用数字万用表测量电阻时,将表笔插入"＿＿＿＿＿＿"和"＿＿＿＿＿＿"插孔,把旋钮旋到所需的量程,用表笔接在电阻＿＿＿＿＿＿,测量中可以＿＿＿＿＿＿,但不要把手同时接触＿＿＿＿＿＿,这样会影响测量的精确度,因为人体是电阻＿＿＿＿＿＿但是＿＿＿＿＿＿的导体。读数时,要保持＿＿＿＿＿＿和＿＿＿＿＿＿有良好的接触。注意单位,在"＿＿＿＿＿＿"挡时,单位为＿＿＿＿＿＿,在"＿＿＿＿＿＿"到"＿＿＿＿＿＿"挡时,单位为 kΩ,"M"以上的单位为＿＿＿＿＿＿。

86. 使用数字万用表测量二极管时,表笔位置与电压测量一样,将旋钮旋到"＿＿＿＿＿＿"挡,用红表笔接二极管的＿＿＿＿＿＿极,黑表笔接二极管的＿＿＿＿＿＿极,这时会显示二极管的＿＿＿＿＿＿。

87. 使用数字万用表测量二极管时,肖特基二极管的电压约为＿＿＿＿＿＿V,普通硅整流管约为＿＿＿＿＿＿V,发光二极管为＿＿＿＿＿＿V。

88. 使用数字万用表测量二极管时,调换表笔,显示屏显示"＿＿＿＿＿＿"则为＿＿＿＿＿＿,因为二极管的反向电阻＿＿＿＿＿＿,否则此管已被击穿。

89. 使用数字万用表测量三极管时,将旋钮旋到"＿＿＿＿＿＿"挡,用红表笔接三极管的＿＿＿＿＿＿极,黑表笔接＿＿＿＿＿＿极。首先假定 A 引脚为基极,用黑表笔与该引脚相连接,红表笔分别接触其他两个引脚;若两次读数均为 0.7 V 左右,然后再用红笔连接 A 引脚,黑笔接触其他两引脚,若均显示"1",则 A 引脚为＿＿＿＿＿＿极,否则需要重新测量,且此三极管为 PNP 管。然后选择"＿＿＿＿＿＿"挡,可以看到挡位旁有一排小插孔,分别可对 PNP 管和 NPN 管进行测量,前面已经判断出了三极管的管型,将基极插入对应管型"＿＿

_____"插孔,其余两引脚分别插入"_____""_____"插孔,此时可以读取数值,即 β 值;再固定基极,对调其余两个引脚;比较两次读数,读数较大的引脚位置与表面"_____"相对应。

90. 电气设备要根据说明和要求正确安装,不可马虎。带电部分必须有_____,以防触电。

91. 把电气设备的_____用导线和埋在大地中的_____连接起来,称为保护接地,适用于_____的低压系统。电气设备采用保护接地以后,即使_____而带电,这时工作人员碰到机壳就相当于人体和接地电阻_____联,而人体的电阻远比接地电阻_____,因此,流过人体的电流就很_____,因此保证了人身安全。

92. 电气设备的保护接零就是在_____接地的_____中,把电气设备的_____与_____连接起来。如果电气设备的绝缘损坏并接触外壳,这时由于_____的电阻很_____,所以短路电流很_____,能够立即烧断电路中的熔体,从而切断电源,消除触电危险。

93. 在单相电气设备中,应使用_____插头和_____插座。正确的接法是:应把电气设备的_____通过导线连接到插座上中间那个比其他两个插脚更粗或更长的插脚上,并确保_____与_____或_____相连接。

94. 漏电保护装置的作用如下:首先,_____的触电事故和_____事故;其次,防止因_____引起的火灾事故,并能够_____或_____故障。

四、问答题与计算题

1. 使用电压表测量电压时,需注意哪些内容?

_____

_____

_____

_____

2. 通常用万用表的"R×1k"挡来判别较大容量电容的质量,如果在检查时发生下列现象:

(1) 将表笔分别与电容两端接触,则指针会有一定的偏转并很快回到接近起始的位置。两表笔互相调换后再与电容接触,则指针偏转的幅度会增大一倍左右,然后又回到接近起始的位置。

(2) 指针偏转后回不到起始位置,而是停在刻度盘的某处。

(3) 指针偏转到零位置后不再回去。

(4) 指针根本不偏转。

试解释上面的现象,并说明电容的好坏。

_____

_____

_____

3. 触电的方式有几种？分别是什么？

4. 完成下列任务：
(1) 解释保护接地的含义；
(2) 解释保护接零的含义。

5. 碰到触电事故应采取哪些措施？

6. 发生触电事故的原因有哪些？

7. 当实施采取保护接零措施时，应采取哪些步骤？

8. 节约用电的意义有哪些？

9. 节约用电的措施有哪些？

10. 指针式万用表使用前应如何准备?

11. 防止触电的保护措施有哪些?

12. 数字万用表较指针式万用表有哪些优点?

13. 漏电保护装置的作用是什么?

参考文献

[1] 秦曾煌.电工学[M].7 版.北京:高等教育出版社,2009.

[2] 程周.电工电子技术与技能[M].2 版.北京:高等教育出版社,2014.

[3] 苏永昌.电工技术基础与技能[M].2 版.北京:高等教育出版社,2014.

[4] 陈雅萍.电工技术基础与技能[M].3 版.北京:高等教育出版社,2018.

[5] 章振周.电工基础[M].北京:机械工业出版社,2008.

[6] 杜德昌.电工电子技术与技能实训指导[M].3 版.北京:高等教育出版社,2019.

[7] 人民教育出版社,课程教材研究所,物理课程教材研究开发中心.物理[M].北京:人民教育出版社,2018.